高等职业教育教材

工程测量

（下　册）

夏春玲　主　编
关红亮　陈金芳　副主编

中国铁道出版社
2012年·北　京

内 容 简 介

“工程测量”为天津铁道职业技术学院的精品课，本书为“工程测量”精品课的配套教材之一，全套书共三本，包括《工程测量》上、下册和配套的《工程测量训练指导与课后习题》。全套书共设置了11个学习情境，本书为下册。依次设置了“线路中线测量”断面测量”“新线施工测量”“既有线测量”“桥梁施工测量”和“隧道施工测量”6个学习情境。此外，书后附录介绍了4种全站仪的应用方法。

本书可作为铁道工程、城市轨道交通工程、高速铁路工程、道路与桥梁工程、隧道工程、基础工程和工程测量等土建工程类专业的教材，也可作为职工上岗培训教材以及工程技术人员参考用书。

图书在版编目(CIP)数据

工程测量. 下册/夏春玲主编.—北京：中国铁道出版社，2012.3

高等职业教育教材

ISBN 978-7-113-14329-9

Ⅰ. ①工…　Ⅱ. ①夏…　Ⅲ. ①工程测量—高等职业教育—教材　Ⅳ. ①TB22

中国版本图书馆CIP数据核字(2012)第034323号

书　　名：工程测量（下册）
作　　者：夏春玲　主　编　关红亮　陈金芳　副主编

策划编辑：刘红梅　电话：010-51873133　邮箱：mm2005td@126.com　读者热线：400-668-0820
责任编辑：刘红梅
封面设计：崔丽芳
责任校对：王　杰
责任印制：陆　宁

出版发行：中国铁道出版社（100054，北京市西城区右安门西街8号）
网　　址：http：//www.edusources.net
印　　刷：北京市燕鑫印刷有限公司
版　　次：2012年3月第1版　　2012年3月第1次印刷
开　　本：787 mm×1 092 mm　1/16　印张：7.25　字数：178千
印　　数：1～3 000册
书　　号：ISBN 978-7-113-14329-9
定　　价：18.00元

前言

近年来，我国高等职业教育蓬勃发展。高等职业教育作为高等教育发展中的一个类型，肩负着培养面向生产、建设、服务和管理第一线需要的高技能人才的使命。教高〔2006〕16号文件明确指出，高等职业院校要积极与行业企业合作开发课程，根据技术领域和职业岗位(群)的任职要求，参照相关的职业资格标准，改革课程体系和教学内容。改革教学方法和手段，融"教、学、做"为一体，强化学生能力的培养。推行与生产劳动和社会实践相结合的学习模式，重视学生校内学习和实际工作的一致性。探索工学交替、任务驱动、项目导向、顶岗实习等有利于增强学生能力的教学模式。加强教材建设，与行业企业共同开发实训教材，建设工学结合的精品课程。

"工程测量"课程是天津铁道职业技术学院的首批精品课程之一。在学院领导的大力支持和测量人士的共同努力协作下，《工程测量》教材得以顺利开发和使用。这套教材坚持任务驱动、项目导向、基于工作过程的新思想，打破传统的理论体系，编写时对测量知识和学习过程进行了重组和编排，以学习情境为基本学习单元，每个学习情境对应设计相应的项目训练和技能考试题，形成一套崭新的教材模式。

全套书共三本，包括《工程测量》上、下册和配套的《工程测量训练指导与课后习题》。全套书共设置了11个学习情境。下册依次设置了"线路中线测量""断面测量""新线施工测量""既有线测量""桥梁施工测量"和"隧道施工测量"6个学习情境，适合铁道工程、土木工程、道路与桥梁。隧道工程等专业使用。

本书由天津铁道职业技术学院夏春玲主编，关红亮和陈金芳副主编。其中，学习情境6由陈金芳、夏春玲合编，学习情境7、10、11由关红亮编写，学习情境8、9和附录由夏春玲编写。全书由夏春玲统稿。在编写过程中，得到了中铁六局、七局、十局、铁道部第三勘察设计院和天津工务段等多家单位和企业的协作与帮助，也得到了天津铁道职业技术学院领导和铁工教研室、桥隧教研室、测量教研室各位同仁的支持和帮助，在此一并表示衷心的感谢。

由于编者水平有限，又初试新模式教材编写，书中难免存在不妥之处，敬请读者予以批评、指正或商讨建议。

编 者

2012.2

目录

学习情境6　线路中线测量

【情境描述】 铁路、公路、架空送电线路以及输油管道等均属于线型工程，他们的中心线统称为线路中线。将图上设计好的线路中线测设到实地上，这项工作称为线路中线测量。测设线路中线首先要把直线位置测设出来，然后再测设曲线。根据工作任务的不同，本情境分为三个子情境学习，分别是直线控制点及中心桩的测设、圆曲线测设和带有缓和曲线的综合曲线测设。

子情境1　直线控制点及中心桩的测设

一、相关知识

修建一条铁路新线一般要经过方案研究、初测和初步设计、定测和施工设计等几个程序。

(一)方案研究

在已有的小比例尺地形图上，找出线路可行性方案，初步选定线路重要的技术标准，如线路等级、限制坡度、牵引种类、运输能力等，提出修建线路的初步方案。

(二)初测和初步设计

1. 初测

初测是为初步设计提供资料而进行的勘测工作。其主要任务是：提供沿线大比例尺带状地形图以及地质和水文资料。初测工作包括：插大旗、导线测量、高程测量、地形测量。

2. 初步设计

初步设计是在初测提供的带状地形图上，选定线路中心线的位置(亦称纸上定线)，再经过技术、经济比较，进行方案比选，确定初步设计方案；同时确定线路的主要技术标准，如线路等级、限制坡度、最小半径等。

初测和初步设计工作结束后，带状地形图上已具有初步设计好的线路中心线和初测导线等设计资料，而地面上已建立有初测导线点等测量标志。

(三)定测和施工设计

1. 定测

定测是为施工技术设计而做的勘测工作。其主要任务是，把已经上级部门批准的初步设计中所选定的线路中线测设到地面上，并进行线路的纵断面和横断面测量，对个别工程还要测绘大比例尺的工点地形图。

新线定测阶段的测量工作主要有：线路中线测量、线路纵断面测量和线路横断面测量。

2. 施工设计

施工设计是根据定测所取得的纵横断面测量资料，对线路全线和所有个体工程作出详细设计，并提供工程数量和工程预算。该阶段的主要工作是线路纵断面设计和路基设计，并对桥涵、隧道、车站、挡土墙等作出单独设计。

(四)放　　线

线路中线测量包括放线和中桩测设两部分工作。

放线就是把图纸上设计好的中线各交点间的直线段在实地上标定出来,也就是把直线部分的控制桩(交点、转点)测设到地面上。

放线的常用方法有三种:支距法、拨角法和极坐标法。

1. 支距法

支距法的具体测设步骤如下:

(1)量支距

图 6-1 为初步设计后略去等高线和地物的带状平面图。C_{47}、C_{48}、…、C_{52} 为初测导线点,JD_{14}、JD_{15}、JD_{16} 为设计线路中心的交点。支距就是从各导线点作垂直于导线边的直线,交线路中心线于 47、48、…、52 等点,垂线长度称为支距,如 d_{47}、d_{48}、…、d_{52} 等。然后以相应的比例尺在图上量出各点的支距长度,便得出支距法的放样数据。

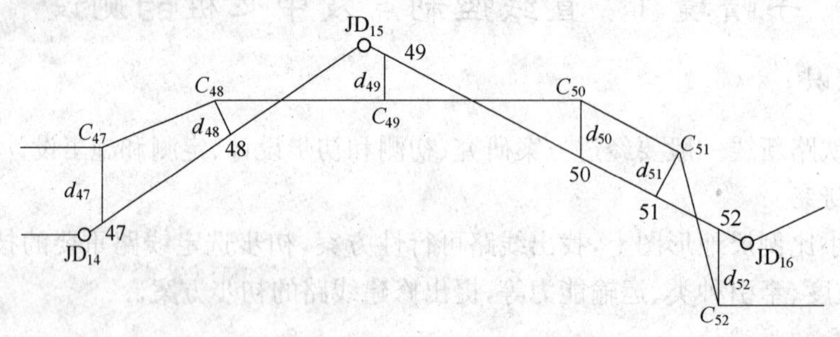

图 6-1　支距法放线

(2)放支距

采用支距法放线时,将经纬仪安置在相应的初测导线点上,例如导线点 C_{47} 上,以导线点 C_{46} 定向,拨直角,在视线方向上量取该点上的支距长度 d_{47},定出线路中心线上的 47 号点,同法逐一放出 48、49、…、52 各点。

为了检查放样工作,每一条直线边上至少放样三个点。由于原测导线、图解支距和放样的误差影响,同一条直线段上的各点放样出来以后,一般不可能在同一条直线上。根据线路本身的要求,必须将它们调整到同一直线上,这项工作称为穿线。

2. 拨角法

当初步设计的图纸比例尺较大,交点的图上量取坐标比较精确可靠或线路的平面设计为解析设计时,定线测量可采用拨角法定线。使用这种方法时,首先根据导线点的坐标和交点的设计坐标,用坐标反算方法计算出测设数据,然后用极坐标法、距离交会法或角度交会法测设交点。如图 6-2 所示,拨角放线时首先确定分段放线的起点 JD_{13}。这时可将经纬仪置于 C_{45} 点上,以 C_{46} 定向,拨 β_0 角,量取水平距离 L_0,即可定出 JD_{13}。然后迁仪器至 JD_{13},以 C_{45} 点定向,拨 β_1 角,量 L_1 定 JD_{14}。同法放样其余各交点。

为了减小拨角放线的误差积累,每隔 5 km,将放样的交点与初测导线点联测,求出交点的实际坐标,与设计坐标进行比较,求得闭合差。若闭合差超过 ±1/2 000,则应查明原因,修正放样的点位。若闭合差在允许的范围以内,对前面已经放样的点位常常不加修正,而是按联测所得的实际坐标推算后面交点的放样数据，继续放线。

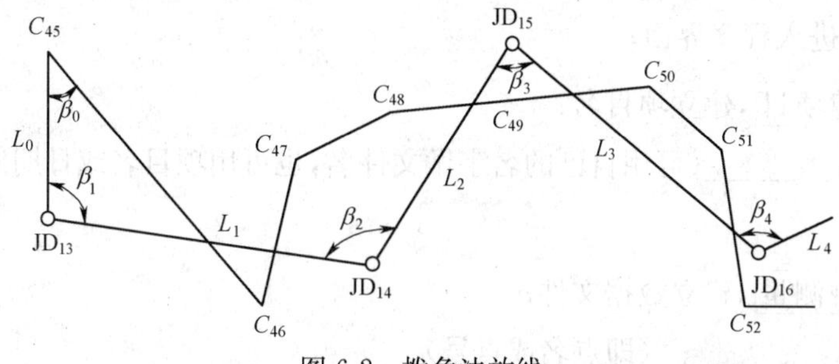

图 6-2　拨角法放线

3. 极坐标法

极坐标法是根据初测导线点和直线转点、交点的坐标，通过坐标反算计算出角度和距离，然后在导线点上安置仪器，测设相应的角度和距离，将各 ZD、JD 测设到地面上。与拨角法不同的是，极坐标法可在一个导线点上安置仪器，同时测设几条直线上的若干个点。如图 6-3 所示，全站仪安置在导线点 C_4 上，可同时测设出 A、B、…、G 等点。

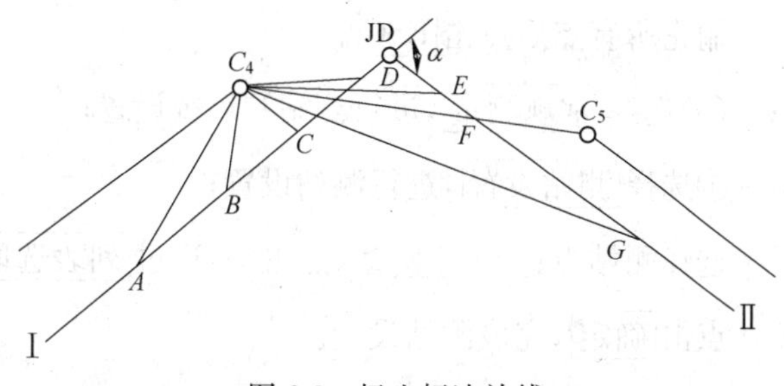

图 6-3　极坐标法放线

极坐标法放线的检核方法有两种，一种是用穿线法检查各转点是否在同一直线上，另一种是在其他测站上安置仪器，定向后实测各转点的坐标与计算值比较，如果出现较大偏差，说明存在测设错误，应查找原因予以纠正。若用全站仪或光电测距仪按极坐标法进行放线时，各转点的坐标是按其里程或间距推算的，其计算误差很小，实际的点位误差主要是测设时的测量误差，一般仅有几毫米，可不做调整。

极坐标法放线时，若利用全站仪的坐标放样功能测设点位，只需输入相关点的坐标值，不需做任何手工计算，由仪器自动计算数据。全站仪放样是目前现场最常用的放线方法。

二、作业准备

利用全站仪坐标放样功能进行直线控制点和中心桩的测设，需做好如下准备工作。

(一)放样数据

1. 导线点坐标：即初测导线点坐标，在初测的导线测量中已建立了导线点并获取了坐标。

2. 放样点坐标：放样所需的设计数据应从带状地形图上量取或直接取自解析设计。

(二)仪器设备

开工前应准备好下列放样设备：

1. 全站仪，拉杆棱镜，小钢尺；

2. 锤子，木桩，小钉，铅笔或毛笔，油漆等。

三、作业计划与实施

(一)放　　线

1. 全站仪坐标放样

此处介绍苏一光 Win 全站仪的放样程序。

双击 FOIF ，进入程序界面；

(1)选择 新建项目 ，建立项目名；

输入文件名：________（可用自己的名字做文件名，也可用项目名或日期做文件名）

点击 保存

(2)选择 常规测量 ，建立数据文件；

输入点，名称：________（即点名或点号）

代码：________（即点的属性，可以选择，也可以不输入）

坐标：N ________（即 X 坐标）

E ________（即 Y 坐标）

Z ________（即高程 H，平面点位放样时可以不输入）

点击 新建 即可输入下一点。

输完所有点后点击 ESC 。

(3)选择 常规测量 ，进行测站和后视设置；

①选择 测站设置 ，进行测站设置；

选择测站点：________>（点击>，通过 列表选取 ，选择测站点）

点击 确定 ，完成测站设置。

②选择 后视 ，进行后视定向；

选择 坐标定向

选择后视点：________>（点击>，通过 列表选取 ，选择后视点）

点击 计算 ，后视方向值即计算出来。

然后瞄准后视点，点击 设角 。

（实际工作中点击完 设角 ，还需要点击 检查 ，对后视点进行实际测量，检查后视点是否正确。）

点击 确定 ，后视定向完成。

点击 翻页 至下一界面。

(4)选择 坐标放样 ，进入放样界面；

①放样点：________>（点击>，通过 列表选取 ，选择放样点）

点击 确定 ，仪器即显示出水平方向的角度旋转值。

②根据提示，转动仪器照准部至角度旋转值变为 0-00-00，此时仪器视线即为放样点所在方向。

③指挥棱镜左右移动至仪器视线上去；（指挥拉杆底部尖移动）

整平棱镜并照准棱镜；

点击 测距符号 (仪器测距图标)，仪器开始测距(若没信号，可能是棱镜未对上)；

测距完成后即显示出棱镜应移动的方向(远或近)和距离。

④根据提示，指挥棱镜沿视线方向前后移动，直至距离差值为0(小钢尺配合)，找到放样点。

(此处需要反复操作，兼顾方向和距离都正确，确保放样的点位精度。)

2. 穿线

支距法和极坐标法放线后，一般要经过穿线来确定直线段的位置。如图6-4所示，50、51、52为支距法放样出的中心线标点，由于图解数据和测设工作的误差，使测设的这些点位没严格在一条直线上。可用经纬仪或全站仪视准法，定出一条直线，使之尽可能靠近这些测设点，该项工作称为穿线。根据穿线的结果得到直线段上的 A、B 点，称为转点。通过穿线工作，中心线上的直线位置就由转点 A、B(也可用 ZD_1、ZD_2)标定了出来。

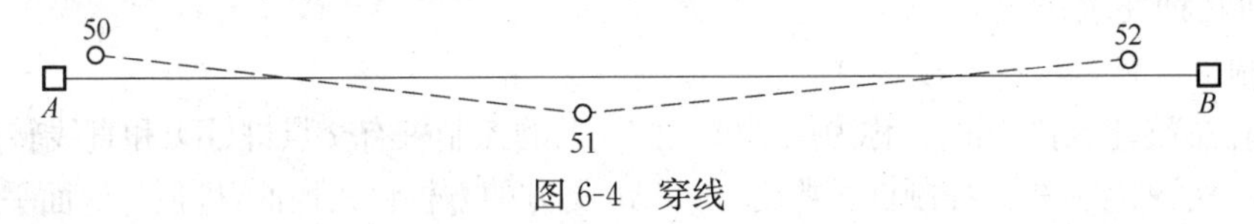

图6-4　穿线

3. 定交点

当相邻两条直线在实地放出后，还要定出线路中心的交点。交点是线路中线的重要控制点，是放样曲线主点和推算各点里程的依据。如图6-5所示，测设交点时，可先在49号点上安置经纬仪或全站仪，以48号点定向，用正倒镜分中的方法，在48-49直线延长线上设立两个木桩 a 和 b，使 a、b 分别位于51-50延长线的两侧(a、b 两点称为骑马桩)，钉上小钉，并在其间拉一细线。然后安置仪器于50号点，用正倒镜分中的方法延长51-50直线，在仪器视线与骑马桩间的细线相交处钉交点桩，并钉上小钉，表示点位，同时在桩的顶面用红油漆写明交点号数(JD_{15})。

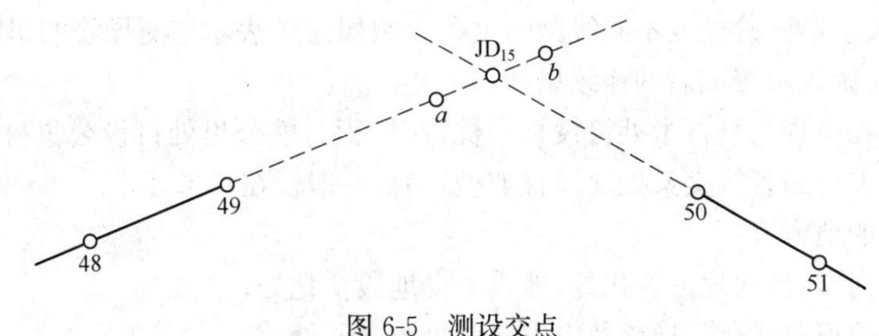

图6-5　测设交点

为了寻找点位及标记里程方便，在曲线外侧，距交点桩30 cm处，钉一标志桩，面向交点桩的一面应写明交点号数(JD_{15})及定测的里程。

4. 测转向角

在线路前进方向的每个交点处，前视方向偏离后视方向之延长线的转折角，称为转向角。交点钉完后就可测定直线的转向角(有时也叫转角)。如图6-6所示，使用经纬仪，采用测回法测量交点处的右角 β，则转向角 α 按下式计算：

$$\alpha_{右}=180°-\beta_{右}(\beta_{15}<180°) \tag{6-1}$$

或

$$\alpha_{左}=\beta_{右}-180°(\beta_{16}>180°) \tag{6-2}$$

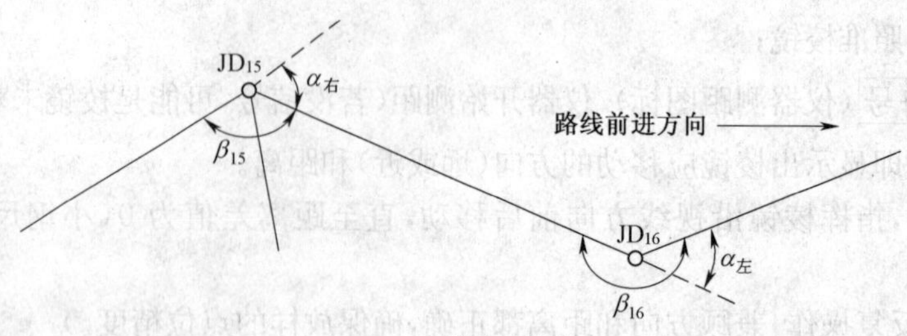

图 6-6 测量转向角

推算转向角时，当右角 $\beta<180°$，推算的转向角 α 为右转（JD_{15}）；当右角 $\beta>180°$，推算的转向角 α 为左转（JD_{16}）。

（二）中桩测设及标定

放线工作完成以后，根据地面上已有的转点桩（ZD）和交点桩（JD），把在带状地形图上设计好的线路直线段和曲线段详细地测设到地面上，并用木桩标定出来，称为中桩测设。中线上的桩按下列几种要求设置。

1. 控制桩

对线路位置起控制作用的桩称为控制桩。直线上的控制桩有交点桩（JD）和直线转点桩（ZD）；曲线上也有一系列控制桩。控制桩通常用 4～5 cm 见方的方桩钉入地面，桩顶与地面平齐，并钉一小钉表示精确的点位，小钉周围常涂红油漆以便于寻找。所有控制桩还应设置标志桩。

2. 标志桩

直线和曲线上的控制桩均应设置标志桩。在距离控制桩 30 cm 处钉标志桩。标志桩用宽 5～8 cm 的板桩，面向控制桩的一面写明点的名称、编号和里程。直线段的标志桩钉在线路前进方向的左侧；曲线段的标志桩则钉在曲线的外侧。标志桩桩顶上不需钉小钉。

3. 里程桩

（1）里程：里程是指由线路起点算起，沿线路中线到该中线桩的距离。一般表示形式如 26＋284.56，"＋"号前为公里数，即 26 km，"＋"后为米数，即 284.56 m。在里程前还要冠以不同的字母，以表示不同阶段或不同线路的里程。例如：CK 表示初测导线的里程，DK 表示定测中线的里程，K 则表示竣工后的连续里程。

（2）里程桩：在里程为整百米处钉设百米桩，在里程为整公里处钉设公里桩。在地形明显变化和线路与其他道路管线交叉处应设置加桩，加桩一般设在整米处。

需钉设加桩的地方有：

①沿中线方向纵、横向地形变化处，地质不良地段变化处；

②线路与其他道路、管线、通讯及电力线路等的交叉处；

③大型建筑工程地段，如隧道洞口、大中桥两端、小桥涵、挡土墙等构筑物处。

百米桩、公里桩及加桩统称为里程桩。里程桩应钉设宽 4～5 cm 的板桩，向着起点方向的一面写明里程，桩顶上也不需钉小钉。

4. 其他中线桩及要求

在直线上每 50 m、在曲线上每 20 m 还应钉中线桩（加密）。若地形平坦、曲线半径大于 800 m 时，中线桩间距可放宽至 40 m。圆曲线的中桩里程宜为 20 m 的整数倍。

中线距离应用光电测距仪或钢尺往返测量，在限差以内时取平均值。百米桩、加桩的钉设以第一次量距为准。

按《工程测量规范》要求，中线桩桩位误差不应超过下列规定：

纵向误差：$\left(\frac{S}{2\ 000}+0.1\right)$(m)

横向误差：±10 cm

式中，S 为转点至桩位的距离(m)。

子情境2　圆曲线测设

一、相关知识

圆曲线就是用一段圆弧(半径 R 固定)连接两相邻直线，是最简单的一种曲线形式。主要用于铁路专用线和低等级公路。圆曲线测设一般分两步进行：一是圆曲线控制点(也称主点)的测设；二是圆曲线详细测设。

(一)圆曲线主点名称

圆曲线主点有三个点，按线路前进方向冠名，如图6-7所示。

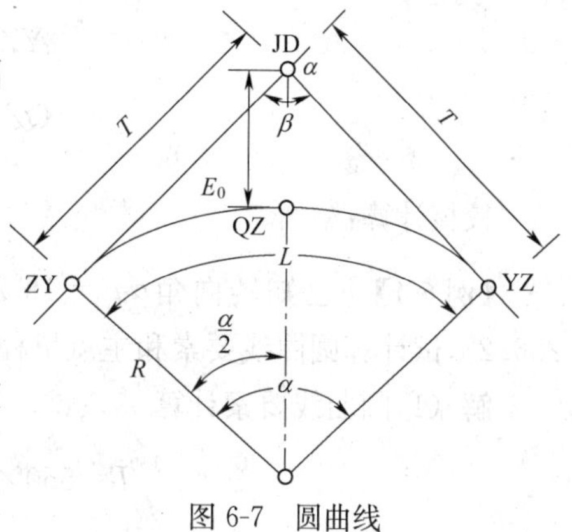

图 6-7　圆曲线

直圆点(ZY)——从直线进入圆曲线的分界点。

曲中点(QZ)——圆曲线中点。

圆直点(YZ)——从圆曲线进入直线的分界点。

交点(JD)——两直线的相交点。

以上 ZY、QZ、YZ 三点是确定圆曲线位置的主要控制点，称为主点。

主点测设前应进行必要的计算，包括要素计算、主点里程推算。

(二)圆曲线要素计算

圆曲线要素包括：

切线长——直圆点(或圆直点)至交点的距离，用 T 表示。

曲线长——直圆点至圆直点的曲线长，用 L 表示。

外矢距(外距)——交点至曲中点的距离，用 E_0 表示。

切曲差(超距)——两切线之和与曲线长之差，用 q 表示，$q=2T-L$。

其中切线长 T、曲线长 L 和外矢距 E_0 用于主点测设和主点里程计算，切曲差 q 用于计算里程时的校核。

切线长
$$T=R\times\tan\frac{\alpha}{2} \tag{6-3}$$

曲线长
$$L=R\times\alpha\times\frac{\pi}{180^\circ} \tag{6-4}$$

外矢距
$$E_0=R\left(\sec\frac{\alpha}{2}-1\right)=R\left[\frac{1}{\cos\frac{\alpha}{2}}-1\right] \tag{6-5}$$

切曲差
$$q=2T-L \tag{6-6}$$

式中　R——圆曲线半径，是设计已知值；

α——转向角，由外业观测获得，按线路前进方向，转向角分为左转和右转，表示为

$\alpha_{左}$和$\alpha_{右}$，或α_z 和α_y。

(三)主点里程计算

主点里程是根据交点里程和圆曲线要素推算而得。

铁路习惯推算方法：

$$ZY 里程=JD 里程-T$$

$$QZ 里程=ZY 里程+\frac{L}{2}$$

$$YZ 里程=QZ 里程+\frac{L}{2}$$

校核计算：

$$YZ=ZY+2T-q$$

公路习惯推算方法：

$$ZY 里程=JD 里程-T$$

$$YZ 里程=ZY 里程+L$$

$$QZ 里程=YZ 里程-\frac{L}{2}$$

校核计算：

$$JD=QZ+\frac{q}{2}$$

【例 6-1】 已知转向角$\alpha_{右}=18°22'00''$，圆曲线半径 $R=550$ m，JD 的里程为 DK18+286.28，试计算圆曲线要素和主点里程(计算至 cm)。

解：(1)圆曲线要素计算

$$T=550\times\tan\frac{18°22'00''}{2}=88.92(\text{m})$$

$$L=550\times18°22'00''\times\frac{\pi}{180°}=176.31(\text{m})$$

$$E_0=550\times\left(\sec\frac{18°22'00''}{2}-1\right)=7.14(\text{m})$$

$$q=2T-L=2\times88.92-176.31=1.53(\text{m})$$

(2)主点里程计算

主点里程推算和校核一般按下列竖式运算格式进行。

推算：

JD 里程	DK18+286.28
−)T	88.92
ZY	DK18+197.36
+)$L/2$	+88.155
QZ	DK18+285.515(*)
+)$L/2$	+88.155
YZ	DK18+373.67

校核：

ZY	DK18+197.36
+)$2T$	177.84
	DK18+375.20
−)q	1.53
YZ	DK18+373.67

(校核完成。)

（四）圆曲线详细测设资料计算

曲线详细测设是指为满足施工要求，在主点桩放样以后，在曲线上加密中线桩的工作。中桩间距要求，平曲线上中桩间距宜为 20 m，当地势平坦且曲线半径大于 800 m 时，其中桩间距可为 40 m。一般公路的曲线半径较小，中桩间距可设为 5 m 或 10 m。圆曲线要求设桩位置是从曲线起点（终点）算起，第一点的里程凑成整数，并为中桩间距的整数倍，然后按整桩距设点。例如：ZY 里程为 K18＋035.216，中桩间距为 20 m，第一点里程为 K18＋040，第二点为 K18＋060……以此类推。

二、作业准备

（一）仪器设备

开工前应准备好下列放样设备：

（1）全站仪，拉杆棱镜，小钢尺；

（2）锤子，木桩，小钉，铅笔或毛笔，油漆等。

（二）测设资料

随着计算机辅助设计和全站仪的普及，建立全线统一测量坐标系，采用全站仪坐标放样功能进行中线测量，已成为线路测量的一种简便、迅速、精确的方法。

如图 6-8 所示，已知起点～JD_1 的坐标方位角$\alpha_{起-JD_1}$，已知 JD_1～JD_2 方向的坐标方位角$\alpha_{JD_1-JD_2}$，又已知 JD_1 坐标（X_{JD_1}、Y_{JD_1}）。计算圆曲线上各点的坐标可按下列步骤完成。

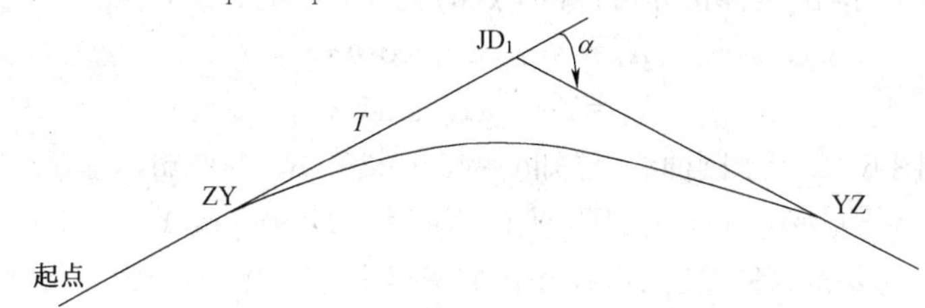

图 6-8　圆曲线在统一坐标系中的坐标

1. ZY、YZ 点的坐标计算

根据 JD_1 的坐标和方位角$\alpha_{起-JD_1}$，由坐标正算可推得 ZY 点的坐标为：

$$\begin{cases} X_{ZY}=X_{JD_1}-T\cdot\cos\alpha_{起-JD_1} \\ Y_{ZY}=Y_{JD_1}-T\cdot\sin\alpha_{起-JD_1} \end{cases} \tag{6-7}$$

同理，推得 ZY 点的坐标为：

$$\begin{cases} X_{YZ}=X_{JD_1}+T\cdot\cos\alpha_{JD_1-JD_2} \\ Y_{YZ}=Y_{JD_1}+T\cdot\sin\alpha_{JD_1-JD_2} \end{cases} \tag{6-8}$$

2. 圆曲线上任一点 i 的坐标计算

（1）计算偏角 δ_i

如图 6-9 所示，i 点为圆曲线上任意一点，φ_i 为圆心角，δ_i 是弦切角（又称偏角），则有：

$$\begin{cases} \varphi_i=\dfrac{l_i}{R}\cdot\dfrac{180}{\pi}\quad(°) \\ \delta_i=\dfrac{1}{2}\varphi_i=\dfrac{1}{2}\cdot\dfrac{l_i\cdot 180}{\pi R}=\dfrac{90l_i}{\pi R}\quad(°) \\ c_i=2R\cdot\sin\dfrac{\varphi_i}{2}=2R\cdot\sin\delta_i \end{cases} \tag{6-9}$$

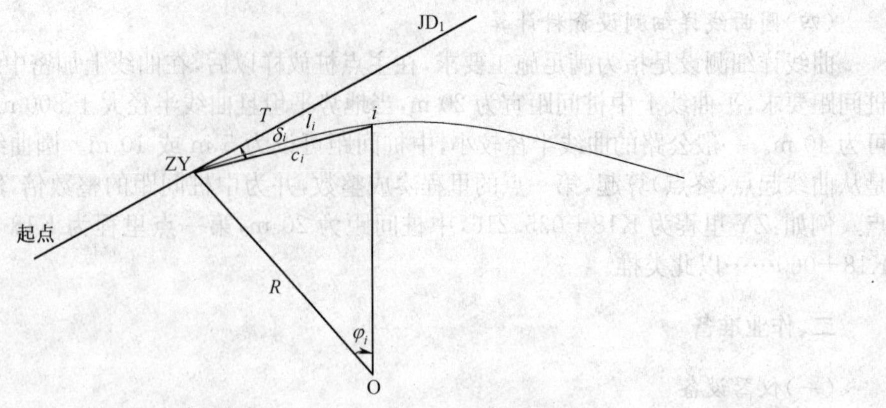

图 6-9　圆曲线上任一点在统一坐标系中的坐标

式中　i——圆曲线上任一点；

l_i——圆曲线上 i 点至 ZY 点的曲线长（又称累计弧长）；

c_i——圆曲线上 i 点至 ZY 点的弦长。

(2)计算 ZY 点至 i 点的坐标方位角 α_{ZY-i}

根据方位角的概念可得：$\alpha_{ZY-i}=\alpha_{起-JD_i}\pm\delta_i$（右转曲线为+，左转曲线为−）

(3)计算 i 点的坐标

根据 ZY 点的坐标，由坐标正算可推得 i 点的坐标分别为：

$$\begin{cases} X_i=X_{ZY}+c_i\cdot\cos\alpha_{ZY-i} \\ Y_i=Y_{ZY}+c_i\cdot\sin\alpha_{ZY-i} \end{cases} \tag{6-10}$$

【例 6-2】 如图 6-10 所示圆曲线，已知 $\alpha=45°16'30''$，$R=300$ m，$\alpha_{起-JD_1}=38°46'38''$，起点坐标 $X_{起}=0.000$ m，$Y_{起}=0.000$ m。JD₁ 坐标 $X_{JD_1}=124.987$ m，$Y_{JD_1}=100.410$ m。

试计算圆曲线的要素、各主要点里程和各加密点坐标（中桩间距为 20 m）。

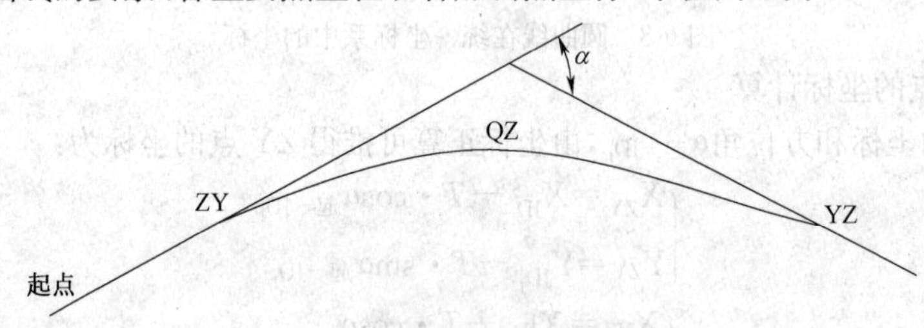

图 6-10　圆曲线计算

解：(1)圆曲线要素（计算至 mm）

$$T=300\times\tan\frac{45°16'30''}{2}=125.108(\text{m})$$

$$L=300\times45°16'30''\times\frac{\pi}{180°}=237.059(\text{m})$$

$$E_0=300\times\left(\sec\frac{45°16'30''}{2}-1\right)=25.042(\text{m})$$

$$q=2T-L=2\times125.108-237.059=13.157(\text{m})$$

(2)各主点里程

因为　$D_{起-JD_1}=\sqrt{(X_{JD_1}-X_{起})^2+(Y_{JD_1}-Y_{起})^2}=160.324(\text{m})$

所以　ZY 里程＝160.324－125.108＝35.216 m，记为 DK0＋035.216

里程推算：		校核：	
ZY	DK0＋035.216	ZY	DK0＋35.216
＋）$L/2$	＋118.529 5	＋）$2T$	＋250.216
QZ	DK0＋153.745 5（＊）		DK0＋285.432
＋）$L/2$	＋118.529 5	－）q	－13.157
YZ	DK0＋272.275	YZ	DK0＋272.275

（3）ZY 及 YZ 点坐标　（计算合格。）

①$X_{ZY}=X_{JD_1}-T\cdot\cos\alpha_{起-JD_1}=124.987-125.108\cdot\cos 38°46'38''$

$=124.987-97.533=27.454(\mathrm{m})$

$Y_{ZY}=Y_{JD_1}-T\cdot\sin\alpha_{起-JD_1}=100.410-125.108\cdot\sin 38°46'38''$

$=100.410-78.354=22.056(\mathrm{m})$

②$\alpha_{JD_1-JD_2}=\alpha_{起-JD_1}+\alpha=38°46'38''+45°16'30''=84°03'08''$

③$X_{YZ}=X_{JD_1}+T\cdot\cos\alpha_{JD_1-JD_2}=124.987+125.108\cos 84°03'08''$

$=124.987+12.964=137.951(\mathrm{m})$

$Y_{YZ}=Y_{JD_1}+T\cdot\sin\alpha_{JD_1-JD_2}=100.410+125.108\sin 84°03'08''$

$=100.410+124.435=224.845(\mathrm{m})$

（4）各加密点的坐标

圆曲线上每 20 m 设一点，第一点里程应凑整为 DK0＋040，其至 ZY 点的曲线长为 $l_1=40-35.216=4.784$，则：①$\delta_1=\dfrac{90\times 4.784}{\pi\cdot 300}=0°27'25''$

$c_1=2\times 300\cdot\sin 0°27'25''=4.784(\mathrm{m})$

②$\alpha_{ZY-1}=\alpha_{起-JD_1}+\delta_1=38°46'38''+0°27'25''=39°14'03''$

③$X_1=X_{ZY}+c_1\cdot\cos\alpha_{ZY-1}=27.454+4.784\cos 39°14'03''$

$=27.454+3.706=31.160(\mathrm{m})$

$Y_1=Y_{ZY}+c_1\cdot\sin\alpha_{ZY-1}=22.056+4.784\sin 39°14'03''$

$=22.056+3.026=25.082(\mathrm{m})$

第二点里程为 DK0＋060，其至 ZY 点的曲线长为 $l_2=20+4.784=24.784$ m（累计弧长），则依据上法可计算出 δ_2、c_2 和 X_2、Y_2。依此类推，分别计算其他各加密点的坐标，并将所算各点坐标列入表格，如表 6-1 所示（备注栏为各点的累计弧长 l_i、偏角 δ_i 和弦长 c_i）。

表 6-1　圆曲线各点坐标表

点号	里程	X(m)	Y(m)	备注（各点 l_i、δ_i、c_i）
ZY	DK0＋035.216	27.454	22.056	$l_1=4.784$　$\delta_1=0°27'25''$
1	＋040	31.160	25.082	$c_1=4.784$　$l_2=24.784$
2	＋060	46.113	38.358	$\delta_2=2°22'00''$　$c_2=24.777$
3	＋080	60.148	52.601	$l_3=44.784$　$\delta_3=4°16'36''$
4	＋100	73.219	67.747	$c_3=44.742$　$\delta_4=64.784$
5	＋120	85.220	83.730	$\delta_4=6°11'11''$　$c_4=64.658$

续上表

点号	里程	X(m)	Y(m)	备注（各点 l_i、δ_i、c_i）
6	+140	96.278	100.627	$l_5=84.784$　$\delta_5=8°05'47''$
QZ	DK0+153.745 5	102.999	112.394	$c_5=84.502$　$l_6=104.784$
	⋮	⋮	⋮	$\delta_6=10°00'22''$　$c_6=104.452$　$l_{QZ}=118.5295$
YZ	DK0+272.275	137.951	224.845	$\delta_{QZ}=11°19'08''$　$c_{QZ}=117.762$

三、作业计划与实施

（一）圆曲线主点测设

1. 传统测法

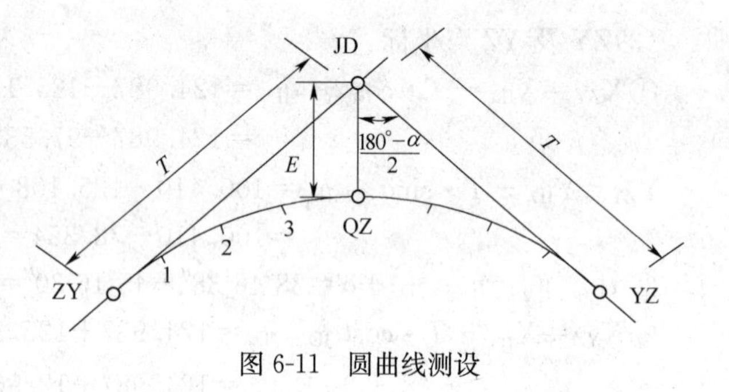

图 6-11　圆曲线测设

如图 6-11，在 JD 安置经纬仪，后视 ZY 切线方向上的相邻交点或转点，自 JD 沿切线方向测设切线长 T，则可定出 ZY 点；后视 YZ 切线方向上的相邻交点或转点，自 JD 沿切线方向测设切线长 T，则可定出 YZ 点；再拨角$\frac{180°-\alpha}{2}$，测设出内角平分线，自 JD 沿内角平分线测设外矢距 E_0，则可定出 QZ 点。为了保证精度，切线长 T 要测设两遍，满足$\frac{1}{2\ 000}$的精度；QZ 点要用正倒镜分中法测设。

2. 全站仪坐标法

在 JD 安置全站仪。首先建立坐标数据文件，分别输入 JD、ZD、ZY、YZ、QZ 等有关点坐标。然后进行测站点设置，并做后视定向（后视相邻的交点或转点）。最后采用全站仪坐标放样功能，放出 ZY、YZ、QZ 各主点。

为了保证精度，还需进行检核。用坐标测量的方法对所放点进行测量检查，所测坐标与已知坐标相比较，若误差不符合精度要求，需重新测量。

（二）圆曲线的详细测设

圆曲线详细测设时，按中桩间距为 20 m 一点进行。详细点的里程通常要凑整为 20 m 的整数倍。因此，第一桩点一般是零弦（即弦长不足 20 m，本例为 4.784 m），从第二点起都是整弦（即 20 m 测设一点），各桩点及里程编写详见表 6-1 的第 1、2 列。测设坐标已通过计算获得，见表 6-1 的第 3、4 列。

详细测设时，分别输入 JD、ZY、QZ、YZ 等点及要测设的 1、2、3…各点坐标，建立坐标数据文件（主点测设资料和详细测设数据也可共用一个坐标数据文件），采用全站仪坐标放样功能，将详细点 1、2、3…放样在地面上，放样方法同上。

子情境 3　带有缓和曲线的综合曲线测设

一、相关知识

缓和曲线是在直线和圆曲线间插入的一段曲率半径由无穷大渐变至圆曲线半径的过渡曲

线。设置缓和曲线的主要目的是使铁路外轨超高、公路弯道超高、轨道加宽、曲线方向逐渐变化。它起缓和过渡作用。主要应用于国家等级铁路和三级以上的公路。

(一)缓和曲线的性质

如图 6-12 所示，缓和曲线连接直线和圆曲线，它与直线相切的切点处，半径为无穷大 $\rho=\infty$，随着曲线长度的逐渐增长，其曲率半径 ρ 逐渐减小，直到和圆曲线相接处的半径为圆曲线的半径。缓和曲线具有的特性是，曲线上任一点的曲率半径 ρ 与该点至起点的曲线长 l 成反比，即：

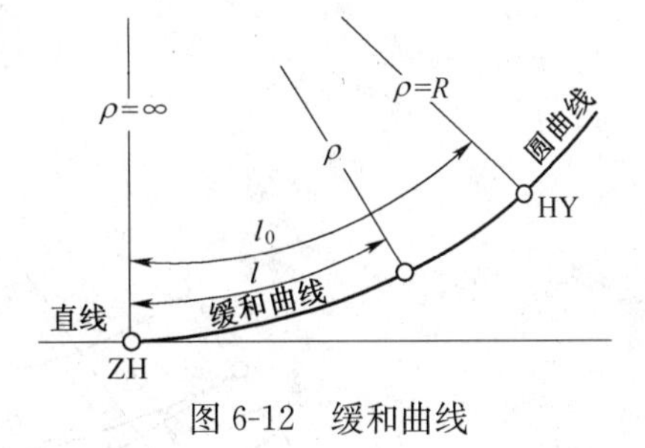

图 6-12　缓和曲线

$$\rho=\frac{c}{l} \tag{6-11}$$

式中　c——缓和曲线半径变更率，是一个常数。

l——缓和曲线上任意点至缓和曲线起点的曲线长。

在与圆曲线相接处，$l=l_0$，ρ 等于圆曲线半径 R，则

$$c=Rl_0 \tag{6-12}$$

式中，l_0 为缓和曲线总长。

具有上述特性，可作为缓和曲线的线型有多种，我国公路、铁路多采用回旋曲线(辐射螺旋线)。

(二)缓和曲线方程式

辐射螺旋线方程为：

$$x=l-\frac{l_5}{40R^2l_0^2}+\frac{l^9}{3\,456R^4l_0^4}-\cdots \tag{6-13}$$

$$y=\frac{l^3}{6Rl_0}-\frac{l^7}{336R^3l_0^3}+\frac{l^{11}}{42\,240R^5l_0^5}-\cdots \tag{6-14}$$

实际应用时，一般舍去高次项，取一、二项即可，式(6-13)、(6-14)简化为：

$$x=l-\frac{l^5}{40R^2l_0^2} \tag{6-15}$$

$$y=\frac{l^3}{6Rl_0} \tag{6-16}$$

式中　x、y——缓和曲线任意点的坐标。

R——圆曲线设计半径。

l——缓和曲线上任意点至缓和曲线起点的曲线长。

l_0——缓和曲线长度(总长)。

(三)加缓和曲线后曲线的变化

在两端切线一定的情况下，若在圆曲线两端插入缓和曲线，圆曲线应内移一段距离，才能使缓和曲线与直线衔接。圆曲线内移的方法有两种：一是半径不变，将圆心沿着圆心角的平分线内移一段距离；二是圆心不动，缩小半径，将圆曲线内移一段距离。我国铁路、公路多数情况下是采用第一种方法。如图 6-13 所示，将圆心从 O_1 移至 O_2，原来的圆曲线向内移动距离 p，称为内移距。

插入缓和曲线后，圆曲线两端有一段弧长被缓和曲线所代替，圆曲线比原来缩短了，而整

个曲线增长了。插入缓和曲线后，主点有五个。如图 6-13 所示，按线路前进方向，各主点名称依次为直缓点(ZH)、缓圆点(HY)、曲中点(QZ)、圆缓点(YH)、缓直点(HZ)，常称五大桩。

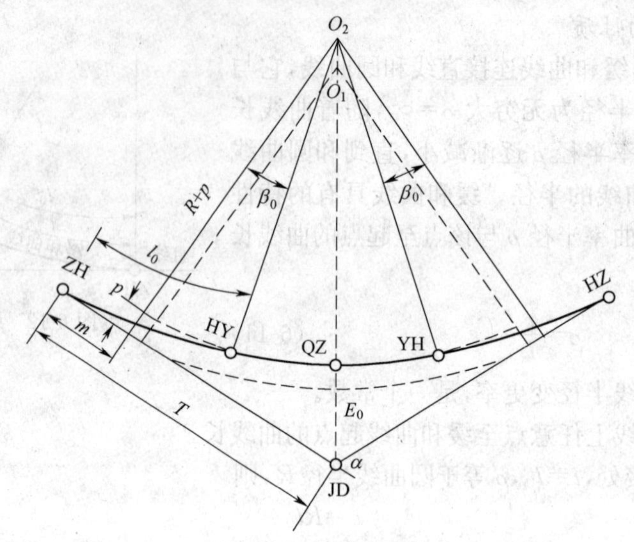

图 6-13　综合曲线

直缓点——直线与缓和曲线的连接点。

缓圆点——缓和曲线与圆曲线的连接点。

曲中点——曲线中点。

圆缓点——圆曲线与缓和曲线的连接点。

缓直点——缓和曲线与直线的连接点。

ZH→HY 段称为第一缓和曲线，HZ→YH 段称为第二缓和曲线。

（四）缓和曲线常数计算

曲线要素计算前，应进行必要的常数计算。缓和曲线的常数包括：缓和曲线切线角 β_0、切垂距 m 和内移距 p。含义分别为：

1. 缓和曲线切线角：过 HY（或 YH）点的切线与 ZH（或 HZ）点的切线组成的角，也是圆曲线被缓和曲线所代替的那一段弧长对应的圆心角，即图 6-13 中所示的 β_0。

2. 切垂距：由圆心 O_2 向切线作垂线的垂足到缓和曲线起点的距离，即图 6-13 中所示的 m。

3. 内移距：加缓和曲线后，圆曲线相对于切线的内移量，即图 6-13 中所示的 p。

缓和曲线常数按下式计算：

$$\beta_0=\frac{l_0}{2R}\times\frac{180^\circ}{\pi} \tag{6-17}$$

$$m=\frac{l_0}{2}-\frac{l_0^3}{240R^2} \tag{6-18}$$

$$p=\frac{l_0^2}{24R} \tag{6-19}$$

（五）缓和曲线要素计算

缓和曲线要素包括：切线长 T、曲线总长 L、外矢距 E_0、切曲差 q。各要素按下式计算：

$$T=(R+p)\times\tan\frac{\alpha}{2}+m \tag{6-20}$$

$$L=2l_0+L'=2l_0+\frac{\pi R\times(\alpha-2\beta_0)}{180^\circ} \tag{6-21}$$

$$E_0=(R+p)\times\sec\frac{\alpha}{2}-R \tag{6-22}$$

$$q=2T-L \tag{6-23}$$

式中，L'为 HY 点→YH 点的圆曲线长，$L'=L-2l_0$。

（六）主点里程计算

主点里程是根据交点里程和缓和曲线要素推算而得，如图 6-13 所示。

铁路行业习惯推算方法：

$$\text{ZH 里程}=\text{JD 里程}-T$$
$$\text{HY 里程}=\text{ZH 里程}+l_0$$
$$\text{QZ 里程}=\text{HY 里程}+\frac{L}{2}-l_0$$
$$\text{YH 里程}=\text{QZ 里程}+\frac{L}{2}-l_0$$
$$\text{HZ 里程}=\text{YH 里程}+l_0$$

校核计算：

$$\text{HZ}=\text{ZH}+2T-q$$

公路行业习惯推算方法：

$$\text{ZH 里程}=\text{JD 里程}-T$$
$$\text{HY 里程}=\text{ZH 里程}+l_0$$
$$\text{YH 里程}=\text{HY 里程}+L-2l_0$$
$$\text{HZ 里程}=\text{YH 里程}+l_0$$
$$\text{QZ 里程}=\text{HZ 里程}-\frac{L}{2}$$

校核计算：

$$\text{JD}=\text{QZ}+\frac{q}{2}$$

（七）缓圆点、圆缓点测设资料计算

用直角坐标法测设 HY、YH 点，如图 6-14 所示。其测设数据 x_0、y_0 的计算公式如下：

$$\begin{cases} x_0=l_0-\dfrac{l_0^3}{40R^2} \\ y_0=\dfrac{l_0^2}{6R} \end{cases} \tag{6-24}$$

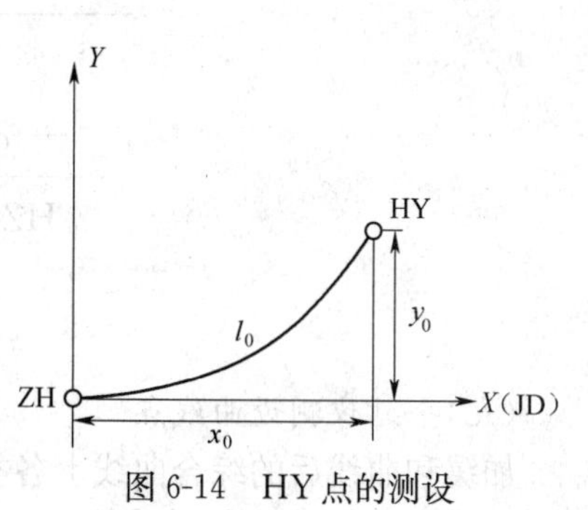

图 6-14　HY 点的测设

（八）主点测设资料计算举例

【例 6-3】　已知某线路，交点里程为 DK281+378.59，圆曲线半径 $R=500$ m，转向角 $\alpha_{右}=18°22'00''$，缓和曲线长 $l_0=40$ m。试计算曲线要素与主点里程。

解：(1)缓和曲线常数计算

$$\beta_0=\frac{l_0}{2R}\times\frac{180^\circ}{\pi}=\frac{40}{2\times500}\times\frac{180^\circ}{\pi}=2°17'31''$$

$$m=\frac{l_0}{2}-\frac{l_0^3}{240R^2}=\frac{40}{2}-\frac{40^3}{240\times 500^2}=20(\text{m})$$

$$p=\frac{l^2}{24R}=\frac{40^2}{24\times 500}=0.13(\text{m})$$

(2)缓和曲线要素计算(到 cm)

$$T=(R+p)\times\tan\frac{\alpha}{2}+m=(500+0.13)\times\tan\frac{18°22'00''}{2}+20=100.85(\text{m})$$

$$L=2l_0+\frac{\pi R\times(\alpha-2\beta_0)}{180°}=2\times 40+\frac{\pi\times 500\times(18°22'00''-4°35'02'')}{180°}=200.28(\text{m})$$

$$E_0=(R+p)\times\sec\frac{\alpha}{2}-R=(500+0.13)\times\sec\frac{18°22'00''}{2}-500=6.62(\text{m})$$

$$q=2T-L=201.70-200.28=1.42(\text{m})$$

(3)主点里程计算

里程推算：

JD 里程	DK281+378.59
−) T	100.85
ZH	DK281+277.74
+) l_0	40
HY	DK281+317.74
+) $\frac{L}{2}-l_0$	60.14
QZ	DK281+377.88

QZ 里程	DK281+377.88
+) $\frac{L}{2}-l_0$	60.14
YH	DK281+438.02
+) l_0	40
HZ	DK281+478.02

计算校核：

ZH	DK281+277.74
+) $2T$	201.70
	DK281+479.44
−) q	1.42
HZ	DK281+478.02

(核核完成。)

(九)全站仪测设曲线点

加缓和曲线后的综合曲线上各类中桩点在全线统一坐标系中的坐标按下列步骤进行。

1. 直线上桩点坐标的计算

如图 6-15 所示，各交点的测量坐标系坐标已经测定或在地形图上量算出，按坐标反算公式求得线路相邻交点连线的坐标方位角α和边长 S 。

(1)HZ 点的测量坐标系坐标计算：

HZ_{i-1}点至 ZH_i 点为直线段，HZ_{i-1}点的坐标可由下式计算：

$$\begin{cases} X_{HZ_{i-1}} = X_{JD_{i-1}} + T_{i-1}\cos\alpha_{i-1,i} \\ Y_{HZ_{i-1}} = Y_{JD_{i-1}} + T_{i-1}\sin\alpha_{i-1,i} \end{cases} \tag{6-25}$$

式中　$X_{JD_{i-1}}$、$Y_{JD_{i-1}}$——交点 JD_{i-1}的坐标；

T_{i-1}——交点 JD_{i-1}处的切线长；

$\alpha_{i-1,i}$——交点 JD_{i-1}至 JD_i 的坐标方位角。

(2)直线上任意桩点的测量坐标系坐标计算：

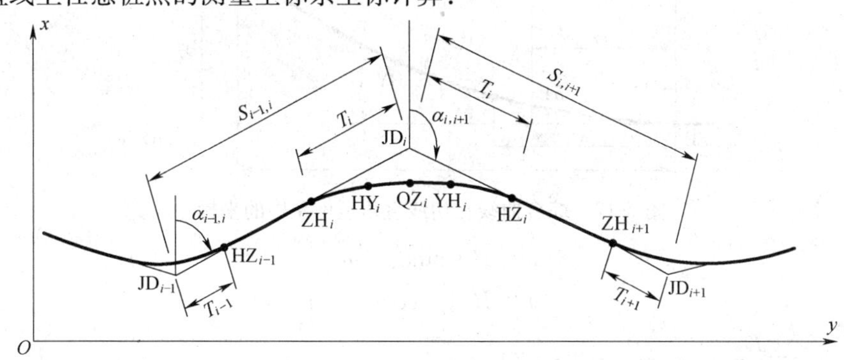

图 6-15　中桩坐标计算

$$\begin{cases} X = X_{HZ_{i-1}} + D\cos\alpha_{i-1,i} \\ Y = Y_{HZ_{i-1}} + D\sin\alpha_{i-1,i} \end{cases} \tag{6-26}$$

式中　D——计算桩点至 HZ_{i-1}点的距离，即桩点里程与 HZ_{i-1}点里程之差。

$\alpha_{i-1,i}$——交点 JD_{i-1}至 JD_i 的坐标方位角。

ZH_i 点为该段直线的终点，其坐标除可按式(6-26)计算外，还可按下式计算：

$$\begin{cases} X_{ZH_i} = X_{JD_{i-1}} + (S_{i-1,i} - T_i)\cos\alpha_{i-1,i} \\ Y_{ZH_i} = Y_{JD_{i-1}} + (S_{i-1,i} - T_i)\sin\alpha_{i-1,i} \end{cases} \tag{6-27}$$

式中　$S_{i-1,i}$——线路交点 JD_{i-1}至 JD_i 的距离；

T_i——交点 JD_i 处的切线长。

2. 曲线上桩点坐标的计算

首先求出曲线上任一桩点在以 ZH(或 HZ)为原点的切线坐标系中的坐标(x,y)，然后通过坐标变换将其转换成测量坐标系中的坐标(X,Y)。

(1)计算缓和曲线上各点切线坐标系的坐标 x_i、y_i

如图 6-16 所示，由缓和曲线方程可得：

$$\begin{cases} x_i = l_i - \dfrac{l_i^5}{40R^2 l_0^2} \\ y_i = \dfrac{l_i^3}{6Rl_0} \end{cases} \tag{6-28}$$

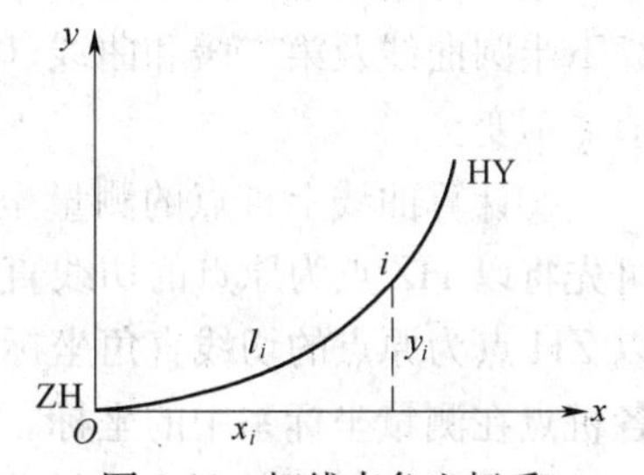

图 6-16　切线直角坐标系

式中　i——缓和曲线上任一点。

l_i——缓和曲线上任一点至 ZH(或 HZ)点的曲线长。

(2)计算圆曲线上各点切线坐标系的坐标 x_i、y_i

如图 6-17 所示，计算式如下：

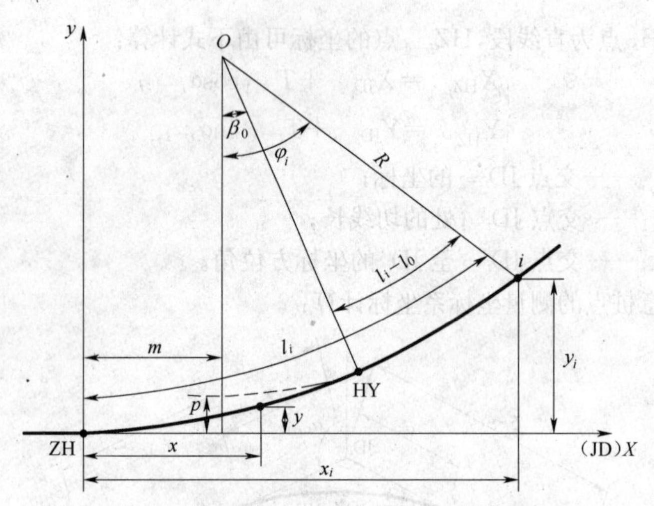

图 6-17 综合曲线在切线直角坐标系中的坐标

$$\begin{cases} x_i=R\cdot\sin\varphi_i+m \\ y_i=R(1-\cos\varphi_i)+p \end{cases} \tag{6-29}$$

式中 φ_i——$\varphi_i=\dfrac{l_i-l_0}{R}\cdot\dfrac{180^\circ}{\pi}+\beta_0$；

l_i——圆曲线上任一点至起点 ZH(或 HZ)点的曲线长。

(3)计算各点测量坐标系坐标 X、Y

通过坐标变换，将各点的切线坐标系坐标(x,y)转化为测量坐标系坐标$(X、Y)$，公式为：

$$\begin{cases} X=X_{ZH_i}+x\cdot\cos\alpha_{i-1,i}-\zeta\cdot y\cdot\sin\alpha_{i-1,i} \\ Y=Y_{ZH_i}+x\cdot\sin\alpha_{i-1,i}-\zeta\cdot y\cdot\cos\alpha_{i-1,i} \end{cases} \tag{6-30}$$

或

$$\begin{cases} X=X_{HZ_i}-x\cdot\cos\alpha_{i,i+1}-\zeta\cdot y\cdot\sin\alpha_{i,i+1} \\ Y=Y_{HZ_i}-x\cdot\sin\alpha_{i,i+1}+\zeta\cdot y\cdot\cos\alpha_{i,i+1} \end{cases} \tag{6-31}$$

式中 ζ——当曲线向右转时 $\zeta=1$，曲线向左转时 $\zeta=-1$（一条曲线的转向应是固定的）；

$\alpha_{i-1,i}$——交点 JD_{i-1} 至 JD_i 的坐标方位角；

$\alpha_{i,i+1}$——交点 JD_i 至 JD_{i+1} 的坐标方位角。

说明：

①计算第一缓和曲线及上半圆曲线(ZH～HY～QZ)上桩点的测量坐标时用式(6-30)，计算下半圆曲线及第二缓和曲线(QZ～YH～HZ)上桩点的测量坐标时用式(6-31)，曲线转向取值 ζ 不变。

②计算曲线上桩点的测量坐标时，求得桩点在其切线直角坐标系中的坐标(x,y)之后，也可先将以 HZ 点为原点的切线直角坐标系中下半圆曲线及第二缓和曲线上桩点坐标，转换成以 ZH 点为原点的切线直角坐标系中的坐标，然后再利用(6-30)式进行坐标变换，求得曲线上各桩点在测量坐标系中的坐标。

【例题 6-4】 如图 6-18 所示，曲线中有关的交点和导线点的测量坐标及交点里程已知，见表 6-2。在 JD_{32} 处线路转向角$\alpha_{左}=29°30'23''$，设计选配半径 $R=300$ m，缓和曲线长 $l_0=70$ m，试计算 JD_{32} 处详细测设曲线时各桩点的测量坐标。

（说明：中桩间距为 20 m，测设要求圆曲线和缓和曲线上各点里程均凑整为 20 m 的整倍数。）

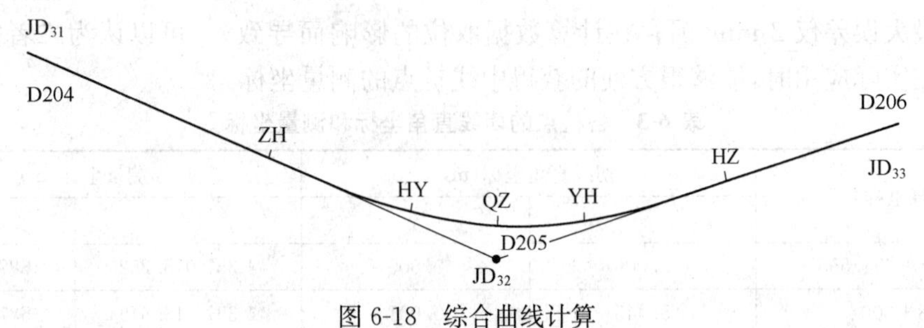

图 6-18 综合曲线计算

表 6-2 已知交点、导线点坐标

点名	JD_{31}	JD_{32}	JD_{33}	D204	D205	D206
里程	K52+833.140	K53+408.720	K54+546.810			
X	4 357 150.236	4 356 982.241	4 357 233.268	4 357 139.802	4 356 989.693	4 357 120.772
Y	587 040.122	587 596.301	588 710.268	587 058.475	587 603.032	588 196.411

解：(1)根据 JD_{31}、JD_{32}、JD_{33} 的坐标，可反算出：

$\alpha_{31,32}=106°48'25''$，$\alpha_{32,33}=77°18'03''$，$S_{31,32}=580.997$ m，$S_{32,33}=1\ 141.901$(m)。

(2)根据式(6-17)(6-18)(6-19)计算出缓和曲线常数：

$\beta_0=6°41'04''$，$p=0.680$ m，$m=34.984$(m)。

(3)根据式(6-20)(6-21)(6-22)(6-23)计算出曲线要素：

$T=114.165$ m，$L=224.496$ m，$E_0=10.931$ m，$q=3.834$(m)。

(4)根据 JD_{32} 的里程和曲线要素推算出曲线主点的里程：

ZH K53+294.555，　HY K53+364.555，　QZ K53+406.803，

YH K53+449.050，　HZ K53+519.050。

(5)曲线上中桩间距为 20 m 一点，里程全凑整，各点桩号里程编写如表 6-3 中第 1 列所示。根据式(6-28)和式(6-29)，分别计算出曲线的第一缓和曲线及上半圆曲线、下半圆曲线及第二缓和曲线上各桩点在其切线直角坐标系中的坐标(x,y)，结果列入表 6-3 的第 2、3 两列。

(6)根据式(6-27)计算出 ZH 点的测量坐标：

$$X_{ZH}=X_{JD_{31}}+(S_{31,32}-T_{32})\cos\alpha_{31,32}=4\ 357\ 015.252(\text{m})$$

$$Y_{ZH}=Y_{JD_{31}}+(S_{31,32}-T_{32})\sin\alpha_{31,32}=587\ 487.013(\text{m})$$

(7)根据式(6-25)计算出 HZ 点的测量坐标：

$$X_{HZ}=X_{JD_{32}}+T_{32}\cos\alpha_{32,33}=4\ 357\ 007.338(\text{m})$$

$$Y_{HZ}=Y_{JD_{32}}+T_{32}\sin\alpha_{32,33}=587\ 707.673(\text{m})$$

(8)根据式(6-30)、式(6-31)分别将各桩点的切线直角坐标(x,y)进行转换计算，得到其测量坐标(X,Y)，结果列入表 6-3 的第 4、5 列。

说明：现在，越来越多的初测带状地形图采用数字化测图，设计人员直接在数字化地形图上进行设计，因而中线上各桩点的坐标可以通过计算机及相关软件，直接在数字化设计图上点击获取，十分简便，且所得桩点坐标的精度较高。

上例中直接在图上点击得到的平曲线要素、曲线细部桩点的测量坐标见表6-4、表6-5。将表6-3中通过公式计算出的X、Y坐标值与表6-5中直接点击获得的X、Y坐标值相比较，二者之间最大误差仅2 mm(因存在计算数据取位的影响而导致)。可以认为二者完全一致。从而说明在实际应用时，能够很方便的获得中线桩点的测量坐标。

表6-3　各桩点的切线直角坐标和测量坐标

桩号(里程)	切线直角坐标(m)		测量坐标(m)	
	x	y	X	Y
ZH　K53+294.555	0.000	0.000	4 357 015.252	587 487.013
K53+300	5.445	0.001	4 357 013.679	587 492.226
K53+320	25.444	0.131	4 357 008.020	587 511.408
K53+340	45.434	0.745	4 357 002.828	587 530.721
K53+360	65.377	2.225	4 356 998.478	587 550.240
HY　K53+364.555	69.904	2.719	4 356 997.642	587 554.717
K53+380	85.191	4.911	4 356 995.320	587 569.985
K53+400	104.783	8.913	4 356 993.486	587 589.897
QZ　K53+406.803	111.381	10.571	4 356 993.164	587 596.692
K53+420	98.548	7.491	4 356 992.982	587 609.889
K53+440	78.876	3.908	4 356 993.811	587 629.868
YH　K53+449.050	69.905	2.722	4 356 994.626	587 638.880
K53+460	59.009	1.634	4 356 995.960	587 649.748
K53+480	39.045	0.473	4 356 999.216	587 669.479
K53+500	19.050	0.055	4 357 003.204	587 689.077
HZ　K53+519.050	0.000	0.000	4 357 007.338	587 707.673

表6-4　平曲线要素表(图上点击所得)

JD_{32}	K53+408.720
偏角(左偏)α	29°30′23″
R	300.000 m
T	114.165 m
L_0	70.000 m
L	224.495 m(误差1 mm)
E_0	10.929 m(误差2 mm)

表6-5　曲线细部桩点的测量坐标(图上点击所得)

桩　号	测量坐标(m)	
	X	Y
ZH　K53+294.555	4 357 015.252	587 487.013
K53+300	4 357 013.679	587 492.226
K53+320	4 357 008.020	587 511.408
K53+340	4 357 002.828	587 530.721

续上表

桩　号	测量坐标(m)	
	X	Y
K53+360	4 356 998.476(误差 2 mm)	587 550.240
HY K53+364.555	4 356 997.642	587 554.718(误差 1 mm)
K53+380	4 356 995.318(误差 2 mm)	587 569.985
K53+400	4 356 993.484(误差 2 mm)	587 589.897
QZ K53+406.803	4 356 993.163(误差 1 mm)	587 596.693(误差 1 mm)
K53+420	4 356 992.980(误差 2 mm)	587 609.887(误差 2 mm)
K53+440	4 356 993.809(误差 2 mm)	587 629.866(误差 2 mm)
YH K53+449.050	4 356 994.624(误差 2 mm)	587 638.880
K53+460	4 356 995.960	587 649.748
K53+480	4 356 999.216	587 669.479
K53+500	4 357 003.204	587 689.077
HZ K53+519.050	4 357 007.339(误差 1 mm)	587707.673

二、准备工作

(一)测设资料

计算好的测设资料，参见表 6-3 或表 6-5 的桩点测量坐标(X、Y)。

(二)仪器设备

开工前应准备好下列放样设备：

1. 全站仪，拉杆棱镜，小钢尺；
2. 锤子，木桩，小钉，铅笔或毛笔，油漆等。

三、作业计划与实施

(一)圆曲线加缓和曲线的主点测设

如图 6-19 所示，在 JD 安置经纬仪或全站仪，后视切线方向上的相邻交点或转点，自 JD 沿视线方向测设($T-x_0$)距离，可钉设出 HY(或 YH)在切线上的垂足 Y_C；据此继续向前测设 x_0 距离，则可钉设出 ZH(或 HZ)点；测设出内角平分线，自 JD 沿内角平分线测设外矢距 E_0，则可钉出 QZ 点。在 Y_C 点上安置经纬仪，后视切线方向上的相邻交点或转点，向曲线内侧测设切线的垂线方向，自 Y_C 沿该方向测设 y_0 距离，可钉设出 HY(或 YH)点。

可见，直缓点 ZH、缓直点 HZ、曲中点 QZ 的测设方法与前述圆曲线主点测设方法相同。

(二)全站仪测设曲线点及检核

当导线点和待测设中桩点的测量坐标数据均准备好后，即可进行中线测量。测设图 6-18 中曲线时，可在导线点 D205 上安置全站仪，后视导线点 D204(或 D206)进行定向；输入测站点和定向点的坐标，输入待测设中桩点 P 的坐标，仪器可以计算出夹角 β 和距离 D 并自动存储起来；在测站点到 P 点的方向上置反射棱镜并测距，测距时将量测到的距离 D' 自动与 D 进行比较，面板显示其差值 $\Delta D=D'-D$，当 $\Delta D>0$ 时，应向测站方向移动反射棱镜，当 $\Delta D<0$ 时，

应向远离测站方向移动反射棱镜，直到面板显示的 ΔD 值为 0.000 m 时，即为 P 点的准确位置。

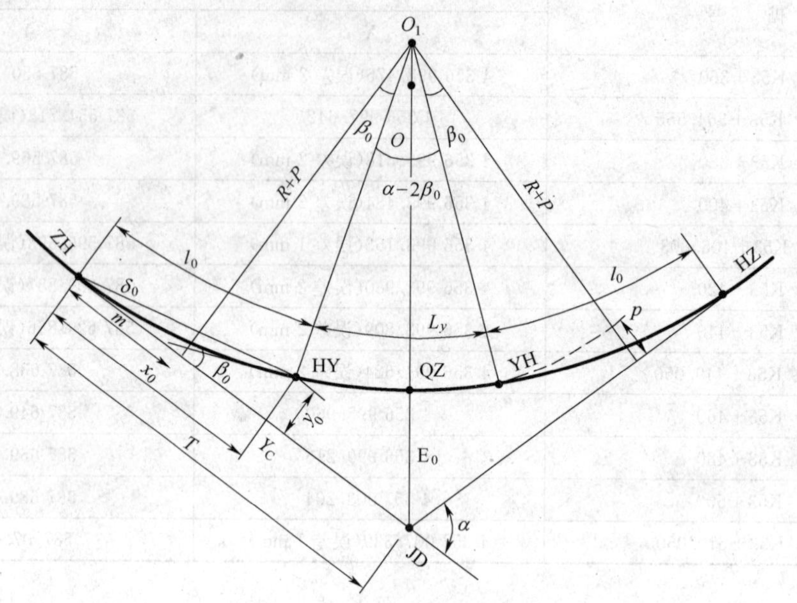

图 6-19　综合曲线主点测设

另外，求得整个线路桩点的统一测量坐标之后，也可使用 RTK 进行中桩测设。

中线测设后进行现场检核，一般是在其他测站上安置仪器，定向后实测各桩点的坐标与计算值比较，如果出现较大偏差，说明存在测设错误，应查找原因予以纠正。由于用全站仪极坐标法进行中桩测设时，实际的点位误差主要是测设时的测量误差，误差一般很小，完全能够达到精度要求，可不做调整。

极坐标法测设中桩的点位误差容许值为±5 cm。

【拓展知识】

一、延长直线

延长直线一般采用正倒镜分中法。如图 6-20，设 A、B 需要延长，将经纬仪置于 B 点，以正镜（盘左）后视 A 点，纵转望远镜后，在视线方向上定出点 C_1，然后平转照准部，以倒镜（盘右）后视 A 点，纵转望远镜后，在视线方向上定出另一点 C_2。如果 C_1、C_2 点不重合，取 C_1、C_2 连线的中点 C，则 C 点即为 AB 延长线上的点。

按照《测规》要求：延长直线正倒镜点位横向误差每 100 m 不应大于 5 mm，当距离大于 400 m 时，最大点位横向误差亦不应大于 20 mm。在限差以内时分中定点。

为了保证精度，前后视距离应大致相等。近距离对点应尽量用测钎或垂球；距离较远时，可用花杆对点，但尽量照准花杆的底部。

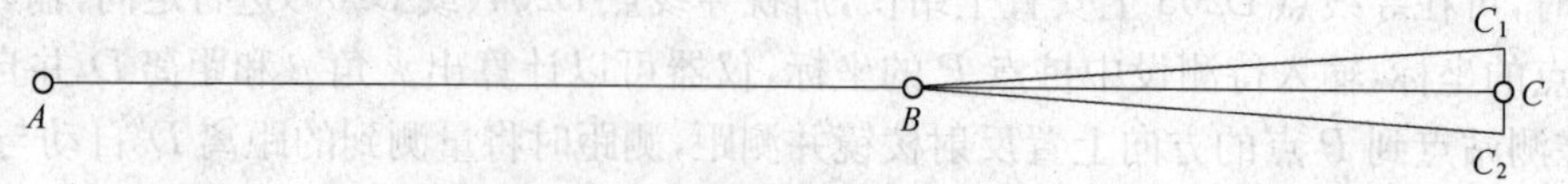

图 6-20　正倒镜分中法延长直线

二、转点的测设

穿线、交点工作完成后，考虑到中线测定和其他工程勘测的需要，还要用正倒镜分中法在定测的线路中心线上，于地势较高处设置直线转点。设置转点时，正倒镜分中法定点较差在5～20 mm之间。其测设方法如下。

1. 在两交点间设转点

如图6-21所示，设JD_5、JD_6为相邻两交点，互不通视，ZD′为粗略定出的转点位置。将经纬仪置于ZD′，用正倒镜分中法延长直线JD_5－ZD′于JD_6'。如JD_6'与JD_6重合或偏差f在路线容许移动的范围内，则转点位置即为ZD′，这时应将JD_6移至JD_6'，并在桩顶钉上小钉表示交点位置。

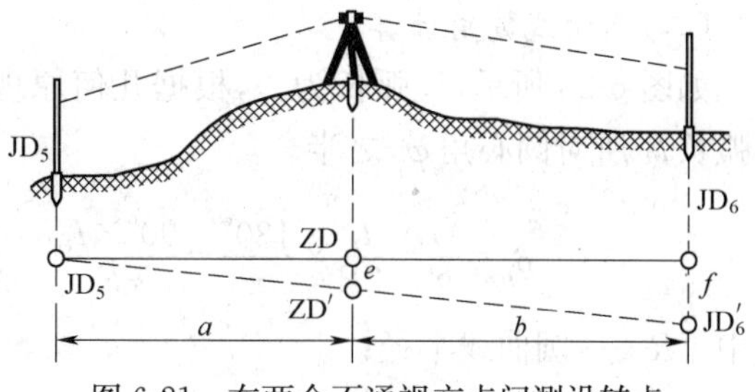

图6-21　在两个不通视交点间测设转点

当偏差f超过容许范围或JD_6不许移动时，则需重新设置转点。设e为ZD′应横向移动的距离，仪器在ZD′用视距测量方法测出a、b距离，则

$$e=\frac{a}{a+b}\cdot f \tag{6-32}$$

将ZD′沿与偏差相反方向移动e至ZD。将仪器移至ZD，延长直线JD_5－ZD，看是否通过JD_6，或偏差f是否小于容许值。否则应再次设置转点，直至符合要求为止。

2. 在两交点延长线上设转点

如图6-22所示，设了JD_8、JD_9互不通视，ZD′为其延长线上转点的概略位置。仪器置于ZD′，以盘左瞄准JD_8，在JD_9处标出一点；盘右再瞄准JD_8，在JD_9处也标出一点，取两点的中点得JD_9'。若JD_9'与JD_9重合或偏差f在容许范围内，即可将JD_9'代替JD_9作为交点，ZD′即作为转点。否则应调整ZD′的位置。

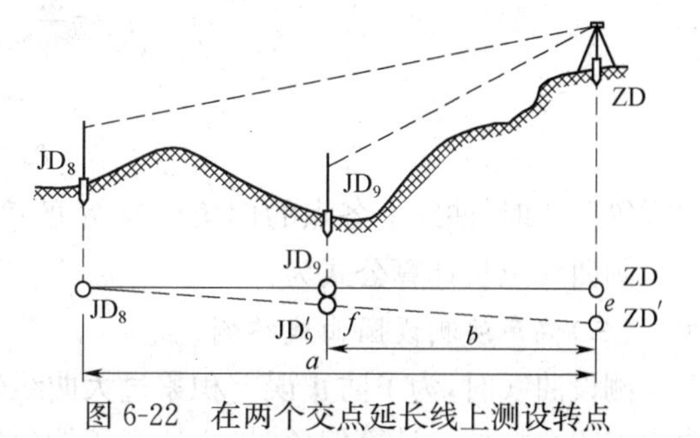

图6-22　在两个交点延长线上测设转点

设e为ZD′应横向移动的距离，用视距测量方法测量出a、b距离，则

$$e=\frac{a}{a-b}\cdot f \tag{6-33}$$

将ZD′沿与偏差相反方向移动e，即得新转点ZD。置仪器于ZD，重复上述方法，直至f小于容许值为止。最后将转点和交点用木桩标定在地上。

三、偏角法详细测设圆曲线

本情境主要学习的是用全站仪测设曲线，对于不具备全站仪的工程单位还可使用经纬仪偏角法测设曲线，具体内容如下。

(一)偏角法测设圆曲线的基本原理

偏角法是传统曲线详细测设的方法之一。偏角是指过置镜点的切线与置镜点到测设点的弦长之间的夹角,几何学中称为弦切角。

如图 6-23 所示,偏角法测设曲线的基本原理是根据偏角 δ 和弦长 C 交会出曲线点。例如置镜于 ZY 点,于切线方向拨偏角 δ_1 的方向与 C_1 距离定 1 点,拨偏角 δ_2 的方向与 C_2 距离定 2 点,同样方法可测设曲线各点。

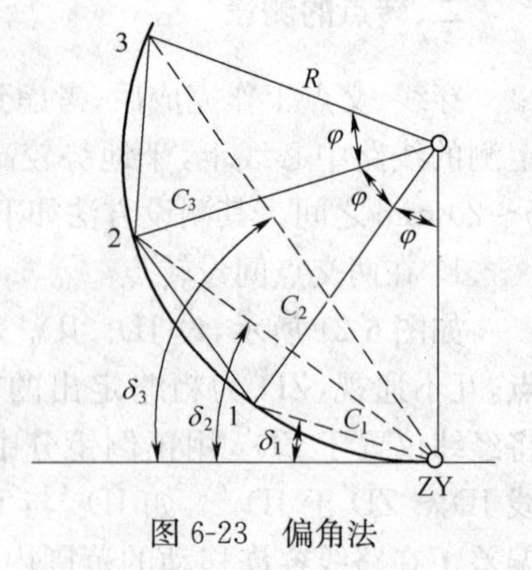

图 6-23 偏角法

(二)圆曲线偏角计算

如图 6-23 所示,设弧长为 l_i,根据几何原理,偏角 δ_i 等于弧长 l_i 所对圆心角 φ_i 之半。

$$\delta_i=\frac{\varphi_i}{2}=\frac{l_i}{2R}\times\frac{180^\circ}{\pi}=\frac{90^\circ\times l_i}{\pi R} \tag{6-34}$$

式中 R——圆曲线半径;

l_i——置镜点至测设点的曲线长。

由于按照整桩号测设,所以在靠近 ZY、QZ、YZ 的点与主点间的曲线长均不足规定中桩间距,其对应的偏角称为分弦偏角。规定中桩间距所对应的偏角称为整弦偏角。当测设点为等分段时,偏角计算有如下规律。

$$\delta_1=\frac{90^\circ\times l_1}{\pi R}$$

$$\delta_2=\frac{90^\circ\times 2l_1}{\pi R}=2\delta_1$$

$$\delta_3=\frac{90^\circ\times 3l_1}{\pi R}=3\delta_1$$

$$\cdots\cdots$$

$$\delta_n=n\delta_1 \tag{6-35}$$

等分段时,曲线上各点的偏角均为 δ_1 的倍数。

圆曲线弦长计算公式为: $C_i=2R\sin\delta_i$ (6-36)

(三)偏角法测设圆曲线举例

测设曲线时,为了防止误差积累过大曲线较长时,一般是从两端主点 ZY、YZ 测至 QZ,在曲中点闭合校核。计算偏角时,应注意正拨(与反拨)。以过置镜点的切线为准,顺时针拨角称为正拨(或顺拨),其偏角为正拨偏角值。逆时针拨角称为反拨,其偏角为反拨偏角值。反拨偏角值 =360°-正拨偏角值。

铁路干线、高等级公路、一级公路半径很大,20 m 弧长与相对应的弦长相差极微,测设中可不考虑弧弦差,将弧长视为弦长。半径较小时,测设中应考虑弧弦差的影响,用式(6-36)计算弦长。

【例 6-5】 按例 6-1 提供的曲线资料,转向角$\alpha_{右}=18°22'00''$,圆曲线半径 $R=550$ m,JD 的里程为 DK18+286.28,ZY 的里程为 DK18+197.36,QZ 的里程为 DK18+285.515(*),YZ 的里程为 DK18+373.67,举例如下:

1. 偏角计算

计算公式 $$\delta_i=\frac{90^\circ\times l_i}{\pi R}$$

(1)置镜于ZY点测至QZ各点的偏角计算，结果如表6-6。

表中计算校核：QZ累计偏角＝4°35′30″与QZ偏角＝$\frac{\alpha}{4}$＝4°35′30″相等，计算无误。

(2)置镜于YZ点测至QZ各点的偏角计算，结果如表6-7。

表中计算校核：QZ累计偏角＝355°24′30″(反拨值)与QZ偏角＝$\frac{\alpha}{4}$＝4°35′30″相等，计算无误。

表6-6 圆曲线正拨偏角资料表

置镜点	里程	累计偏角	弦长(m)	备注
ZY	18＋197.36	0°00′00″		后视交点JD
	＋200	0°08′15″	2.64	
	＋220	1°10′45″	20	
	＋240	2°13′15″	20	
	＋260	3°15′45″	20	
	＋280	4°18′15″	20	
QZ	18＋285.515	4°35′30″	5.515	

表6-7 圆曲线反拨偏角资料表

置镜点	里程	累计偏角	弦长(m)	备注
YZ	18＋373.68	0°00′00″		后视交点JD
	＋360	359°17′15″	13.68	
	＋340	358°14′45″	20	
	＋320	357°12′15″	20	
	＋300	356°09′45″	20	
QZ	18＋285.515	355°24′30″	14.485	

2. 测设方法

以置镜ZY点为例说明测设方法：

(1)将经纬仪安置于ZY点，对中、整平，以盘左后视JD，度盘配置为0°0′00″。

(2)松开照准部制动，顺时针转动照准部，使水平度盘读数为第一点偏角值0°08′15″，制动照准部。

(3)从ZY点起，在视线上量第一段弦长2.64 m，打入木桩得第一桩点。

(4)继续转动照准部，使水平度盘读数为第二点偏角值1°10′45″，制动照准部。从第一桩点量第二段弦长20 m。由司镜者指挥前尺手使20 m端点的线砣与视线重合，即为第二点，打入木桩。

(5)同上述方法，依次测设各点至QZ点。在曲中点校核测设精度是否合格(方法见拓展五)。

说明：仪器在YZ点上测设曲线各点的不同之处在于拨角时是反拨，即拨角时应逆时针转动照准部，第一点应使水平度盘读数为偏角值359°17′15″(见上表6-7)。

四、偏角法详细测设缓和曲线

(一)偏角计算

如图6-24所示，若置镜于ZH(HZ)测设曲线各点，i为缓和曲线上任一点，则任一点i与

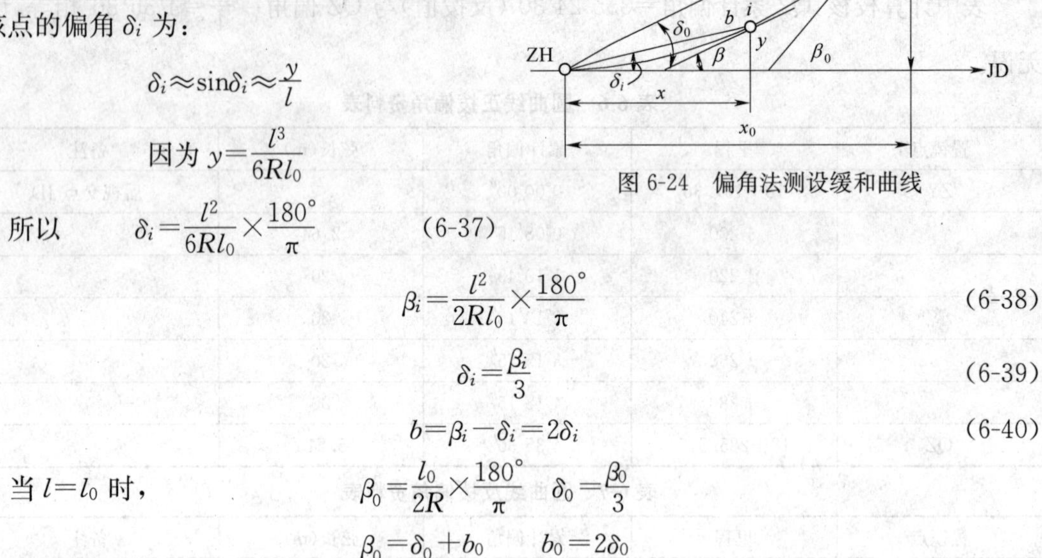

图 6-24　偏角法测设缓和曲线

ZH(HZ)点的连线相对于 ZH(HZ)点的切线夹角 δ_i 称为该点的正偏角。b 称为该点的反偏角。缓和曲线测设点一般要求为 10 m 一点，这样弧弦差很小，可以以弦代弧，又因 δ_i 很小，所以该点的偏角 δ_i 为：

$$\delta_i \approx \sin\delta_i \approx \frac{y}{l}$$

因为 $y=\dfrac{l^3}{6Rl_0}$

所以
$$\delta_i=\frac{l^2}{6Rl_0}\times\frac{180°}{\pi} \tag{6-37}$$

$$\beta_i=\frac{l^2}{2Rl_0}\times\frac{180°}{\pi} \tag{6-38}$$

$$\delta_i=\frac{\beta_i}{3} \tag{6-39}$$

$$b=\beta_i-\delta_i=2\delta_i \tag{6-40}$$

当 $l=l_0$ 时，
$$\beta_0=\frac{l_0}{2R}\times\frac{180°}{\pi}\quad \delta_0=\frac{\beta_0}{3}$$

$$\beta_0=\delta_0+b_0\qquad b_0=2\delta_0$$

测设中为了方便，一般将缓和曲线按每 10 m 一个等分点，即按整桩距测设。在等分段的情况下，偏角计算公式为：

$$\begin{aligned}\delta_2&=2^2\delta_1=4\delta_1\\ \delta_3&=3^2\delta_1=9\delta_1\\ \delta_4&=4^2\delta_1=16\delta_1\\ &\cdots\cdots\\ \delta_n&=n^2\delta_1=\delta_0\end{aligned} \tag{6-41}$$

式中，δ_0 为 HY(或 YH)点的偏角。

由上式可知，缓和曲线等分段的情况下，缓和曲线各点的偏角等于第一点的偏角乘上各点的点号平方。因此，缓和曲线第一点的偏角，称为缓和曲线基本角。

(二)偏角法测设缓和曲线举例

偏角法测设带有缓和曲线的综合曲线，一般情况下，需分别在 ZH、HY、YH、HZ 安置经纬仪，测设全部曲线各点。置镜于 ZH、HZ 点测设缓和曲线各点至 HY、YH 点，测设方法与单圆曲线相同。置镜于 HY、YH 点测设圆曲线各点至 QZ 点，与单圆曲线基本相同，不同之处是置镜于 HY、YH 如何找出切线方向，继续测设圆曲线各点。

【例 6-6】　按例 6-3 提供的曲线资料，转向角$\alpha_{右}=18°22'00''$，圆曲线半径 $R=500$ m，缓和曲线长 $l_0=40$ m，交点里程为 DK281＋378.59，ZH 的里程为 DK281＋277.74，HY 的里程为 DK281＋317.74，QZ 的里程为 DK281＋377.88，YH 的里程为 DK281＋438.02，HZ 的里程为 DK281＋478.02，举例说明。

1. 偏角计算

计算公式
$$\delta_i=\frac{l^2}{6Rl_0}\times\frac{180°}{\pi}$$

(1)置镜于 ZH 点测至 HY 各点的偏角计算,结果如表 6-8。

(2)置镜于 HZ 点测至 YH 各点的偏角计算,结果如表 6-9。

表 6-8 置镜直缓时缓和曲线偏角表(正拨)

置镜点	里程桩号	累计偏角
ZH	DK281+277.74	0°00′00″
	+287.74	0°02′52″
	+297.74	0°11′28″
	+307.74	0°25′47″
HY	DK281+317.74	0°45′50″

表 6-9 置镜缓直时缓和曲线偏角表(反拨)

置镜点	里程桩号	累计偏角
HZ	DK281+478.02	0°00′00″
	+468.02	359°57′08″
	+458.02	359°48′32″
	+448.02	359°34′13″
YH	DK281+438.02	359°14′10″

2. 仪器安置在 ZH(或 HZ)点上测设缓和曲线各点的方法

(1)将经纬仪安置于 ZH 点,对中、整平,以盘左后视 JD,度盘配置为 0°00′00″。

(2)松开照准部制动,顺时针转动照准部,使水平度盘读数为第一点偏角值 0°02′52″,制动照准部。

(3)从 ZH 点起,在视线上量第一段弦长 10 m,打入木桩得第一桩点。

(4)继续转动照准部,使水平度盘读数为第二点偏角值 0°11′28″,制动照准部。从第一桩点向视线方向量第二段弦长 10 m。由司镜者指挥前尺手使 10 m 端点的线砣与视线重合,即为第二点,打入木桩。

(5)同上述方法,依次测设各点至 HY 点。

说明:仪器安置在 HZ 点上测设缓和曲线各点的不同之处在于拨角时是反拨,即拨角时应逆时针转动照准部,第一点应使水平度盘读数为偏角值 359°57′08″(见表 6-9)。

3. 仪器安置在 HY(或 YH)点测设圆曲线

仪器安置在 HY 或 YH 点测设圆曲线,关键的问题是要正确找出 HY、YH 点的切线方向,也就是照准 ZH、HZ 点(后视方向),度盘设置多少读数才能使切线方向的水平度盘读数正好为 0°00′00″,然后继续依据偏角法测设圆曲线各点。

(1)平转照准部法

如图 6-25 所示,曲线向右转,在 HY 点安置仪器,照准 ZH 点,设置水平度盘读数为 $180°-b_0$,打开照准部制动,平转照准部,当水平度盘读数正好为 0°00′00″时,视线方向即为 HY 点的切线方向。这种方法称为平转照准部法。

HY 点的切线方向找到后,继续从 HY 点拨偏角量弦长测设圆曲线各点,直至 QZ 点校核。

说明:如果曲线是左转,平转照准部法找 HY 点切线的方法又有不同。如图 6-26 所示,曲线向左转,在 HY 点安置仪器,照准 ZH 点时,水平度盘读数应设置为$180°+b_0$,打开照准部制动,平转照准部,当水平度盘读数为 0°00′00″时,视线方向才是 HY 点的切线方向。测设圆曲线上各点时也是反拨偏角。

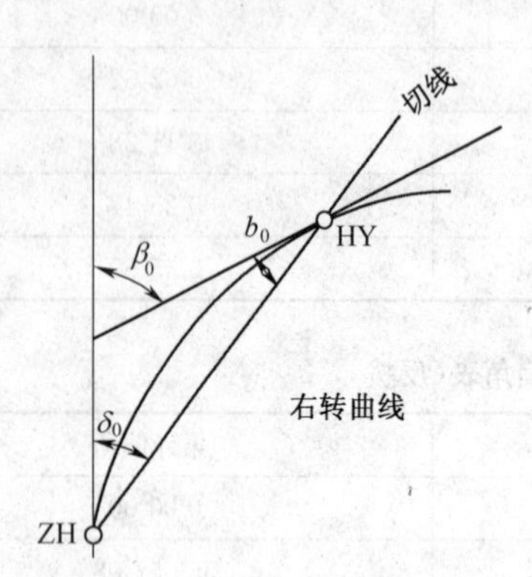

图 6-25　HY 点找切线方向(正拨)

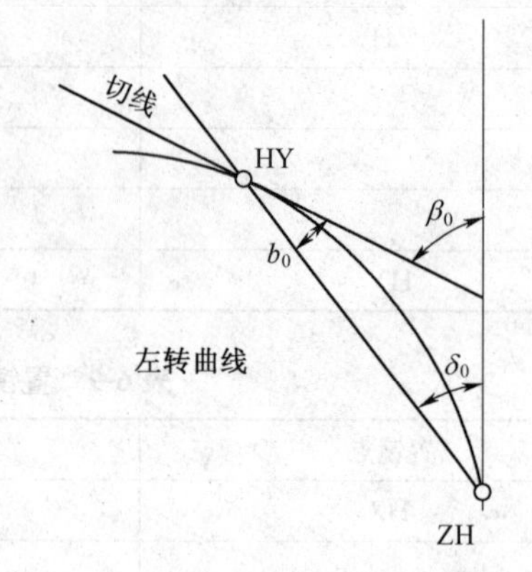

图 6-26　HY 点找切线方向(反拨)

(2)倒转望远镜法

如图 6-25 所示,曲线向右转,在 HY 点安置仪器,照准 ZH 点,设置水平度盘读数为 $360°-b_0$,倒转望远镜,再打开照准部制动,转动照准部,当水平度盘读数为 0°00′00″时,视线方向也为 HY 点的切线方向。这种找切线的方法称为倒转望远镜法。

说明:如果曲线是左转,倒转望远镜法找 HY 点切线的方法又有所不同。如图 6-26 所示,曲线向左转,在 HY 点安置仪器,照准 ZH 点,应设置水平度盘读数为 b_0,再倒转望远镜,打开照准部制动,转动照准部至水平度盘读数为 0°00′00″时,视线方向即为左转时(反拨)的 HY 点切线方向。

HY 点的切线方向找到后,测设圆曲线上各点的方法与平转照准部时的测设方法相同。

五、偏角法测设曲线的精度要求

曲线测设中,由于拨角和量距误差的影响,从一个主点测至下一个主点时,常常不能重合。如图 6-27,圆曲线测设时,由 ZY 测至 QZ 假设落在 QZ′的位置上,则 QZ′→QZ 的距离 f 称为曲线闭合差。

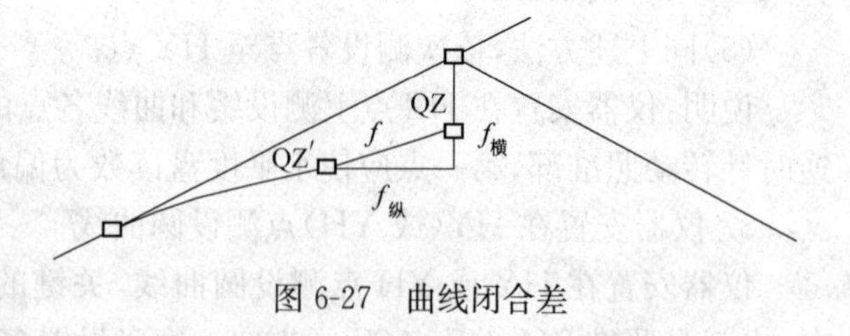

图 6-27　曲线闭合差

将 f 闭合差分解为两个量,沿线路切线方向的分量称为纵向闭合差 $f_{纵}$,沿曲线半径方向的分量称为横向闭合差 $f_{横}$。

纵向误差是相对误差,是沿中线方向的误差,对工程影响较小。横向误差是绝对误差值,垂直于中线,对工程影响较大。铁路曲线采用经纬仪偏角法测量时,一般纵向闭合差 $f_{纵}$ 限差要求不超过测段曲线长的 1/2 000,横向闭合差 $f_{横}$ 的限差要求不超过 10 cm。具体要求详见表 6-10。

影响曲线闭合的因素较多,诸如切线丈量误差、拨角误差、弦长丈量误差等。因此,测设时应提高切线丈量精度。测设中线点时,定了方向后,丈量弦长,应由司镜者再次观测前点线砣,使垂线精确位于视线上，确保线砣落点准确。

表 6-10　曲线测量限差

线路名称	纵向闭合差		横向闭合差（cm）
	平地	山地	
铁路、汽车专用公路	1/2 000	1/1 000	10
一般公路	1/1 000	1/500	10

曲线愈长，累计误差愈大，对于长大曲线，应多设控制桩，分段闭合。例如，测设带有缓和曲线的综合曲线时，从 ZH 测至 HY 点时闭合一次，从 HY 测至 QZ 点时再闭合一次，以此减小误差积累。

说明：目前，现场曲线测量虽然已多采用全站仪放样法进行，但偏角法并不过时，偏角法还在现场的很多地方使用，因此对偏角法的了解很有必要。

学习情境 7　断 面 测 量

【情境描述】 断面测量包括纵断面测量和横断面测量，我们分两个子情境分别完成任务。

子情境 1　纵断面测量

一、相关知识

（一）基本概念

线路水准测量包括基平测量和中平测量。

沿线路方向设置水准点，并测定其高程，从而建立线路的高程控制，称为线路水准点高程测量，又称基平测量。

在基平测量提供的水准点高程的基础上，测定各控制桩、百米桩、加桩等中桩处的地面高程，称为线路中桩高程测量，又称中平测量。

线路纵断面测量是中平测量，就是测出线路中线方向上的地形起伏情况，并绘制线路纵断面图，以便进行线路纵向坡度、桥涵位置和隧道洞口位置的设计。

（二）水准点的布设

1. 水准点的位置

距中线 30～100 m，不易破坏处。

2. 水准点的设置密度

一般地段 1～1.5 km，山区可根据需要适当加密。

每 5 km、路线起终点和重要工程处，设永久性水准点。

（三）过河水准测量

在铁路水准点测量中，常需跨越河流和深谷，当河流和深谷的宽度超过水准仪的允许视线长度时，由于视线太长，前、后视距离悬殊，而且如果过河，还会受到水面折光的影响，所以会产生较大的误差。

当河流和深谷的宽度小于 300 m 时，可采用跨河水准测量即双转点法进行观测。

1. 测站布置

如图 7-1 所示，设 A、B 为河两岸上待求高差的固定点，在河两岸大约在水面之上同一高度处，选择两置镜点 I_1、I_2，使 I_1ABI_2 形成一个矩形或等腰梯形，即 $I_1A=I_2B$，$I_1B=I_2A$，I_1A 和 I_2B 不应短于 10 m，同时应使视线高出水面 2～3 m。

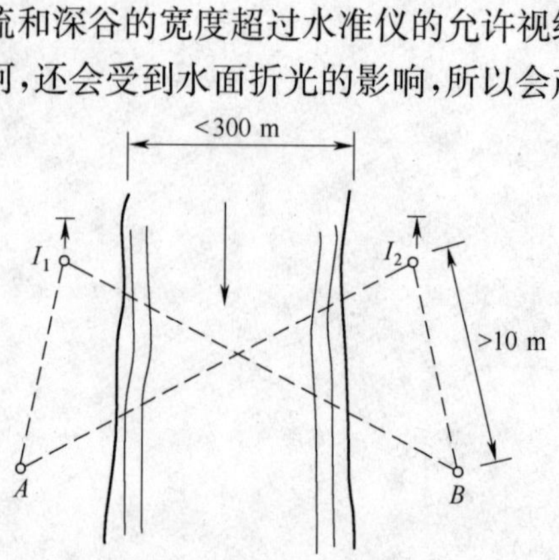

图 7-1　过河水准测量

2. 测量方法

(1)上半测回

安置仪器于 I_1 点，先观测本岸 A 点水准尺，得读数 a_1，再观测对岸点 B 水准尺，得读数 b_1。

(2)下半测回

将仪器立即移至对岸 I_2 点，不变动望远镜对光，先观测对岸 A 点的水准尺，得读数 a_2，再观测本岸 B 点水准尺，得读数 b_2。

上、下两个半测回合称为一测回。

则 A、B 两点间高差为：

$$h_1=a_1-b_1$$
$$h_2=a_2-b_2$$

当 h_1 和 h_2 相差在 20 mm 以内时，取其平均值作为 A、B 两点间高差。

为了提高测量精度，应观测两个测回，两测回测得的高差，不应相差 24 mm 以上。

为了减少折光的影响，第一测回应在上午 7:00～9:00 进行，第二测回应在下午 16:00 至日落前 1 h 进行。

当河面宽度超过 300 m 时，可采用三角高程测量的方法测量。

(四)视线高法

如图 7-2 所示，BM_A 为已知高程的水准点，用水准测量的方法求 K_1、K_2、Z_1 各点的高程。

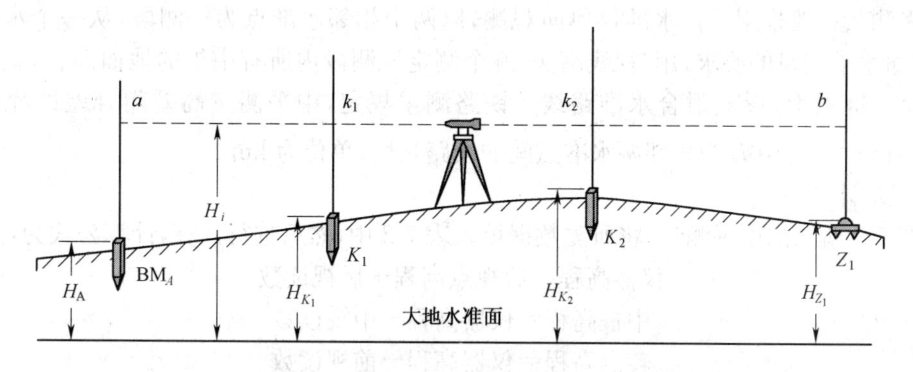

图 7-2　视线高法

后视 BM_A，读取后视读数 a，然后依次观测 Z_1、K_1、K_2 的读数 b、k_1、k_2。其中，转点 Z_1 的读数为前视读数，K_1、K_2 的读数为中视读数。

视线高即为水准仪视准轴的高程，用 H_i 表示。则

$$H_i=H_A+a$$
$$H_{K_1}=H_i-k_1$$
$$H_{K_2}=H_i-k_2$$
$$H_{Z_1}=H_i-b$$

二、作业准备

不低于 DS_3 精度的水准仪，高级水准点的位置及高程资料。

三、作业计划与实施

（一）基平测量

不远于 30 km 与国家水准点或相当于国家级的水准点联测一次，形成附合水准路线。

在相邻两水准点间用一台水准仪进行往返测，或两台水准仪分组并行观测。两次测量结果的闭合差在允许范围内时，取平均值作为观测成果。

铁路测量规定，基平测量高差闭合差的允许值为$\pm 30\sqrt{L}$(mm)。式中 L 为相邻两水准点间的线路长度，单位为 km。

水准点的高程测定以后，应编制水准点表，如表 7-1 所示。

表 7-1　水准点表

水准点编号	高程(m)	位置			水准点位置描述及材料	附　注
		里程	距中线(m)			
			左	右		
BM_{37}	35.486	DK18+946	32	—	夏里洼水泥桩上	1985 黄海高程系统
BM_{38}	38.472	DK20+073	—	38	东石桥水泥桩上	

（二）中平测量

1. 测量方法

中平测量一般采用一台水准仪单向观测，以两个相邻水准点为一测段，从一个水准点出发，按普通水准测量的要求，用“视线高法”逐个测定该测段内所有中桩的地面高程，直至附合到下一个水准点上，形成附合水准路线。铁路测量规定，中平测量高差闭合差的允许值为$\pm 50\sqrt{L}$(mm)。式中 L 为相邻两水准点间的线路长度，单位为 km。

2. 记录计算

如图 7-3 所示的中平测量，将所测数据填入表 7-2 中，然后进行计算，计算公式为：

$$仪器高程=后视点高程+后视读数$$
$$中桩高程=仪器高程-中视读数$$
$$转点高程=仪器高程-前视读数$$

3. 校核

按照附合水准路线进行校核。

实测高差：$h_{测}=\sum a-\sum b=3.334-3.443=-0.109(\text{m})$

原有高差：$h_{原}=H_{BM_2}-H_{BM_1}=4.463-4.587=-0.124(\text{m})$

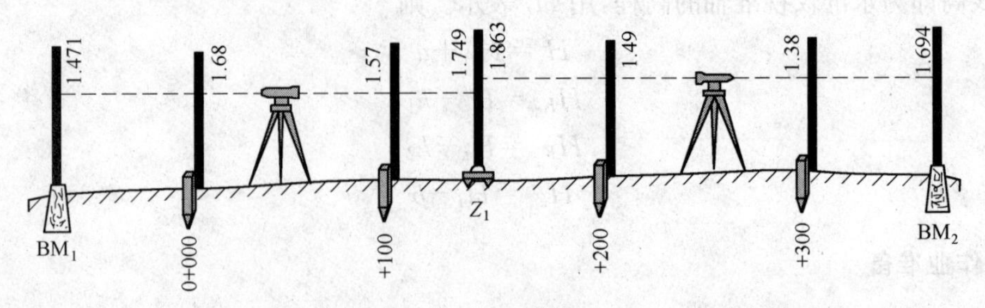

图 7-3　中平测量

表 7-2　水准测量记录

测点	水准尺读数			仪器高程	计算高程	备　注
	后视	中视	前视			
BM_1	1.471			6.058	4.587	$H_{BM_1}=4.587$ m $H_{BM_2}=4.463$ m
0+000		1.68			4.38	
0+100		1.57			4.49	
Z_1	1.863		1.749	6.172	4.309	
0+200		1.49			4.68	
0+300		1.38			4.79	
BM_2			1.694		4.478	
Σ	3.334		3.443			

高差闭合差：$f_h=h_{测}-h_{原}=-0.109-(-0.124)=0.015(\text{m})=15(\text{mm})$。

铁路测量规定：$f_{h限}=\pm 50\sqrt{L}(\text{mm})=\pm 27(\text{mm})$ $(L=300\ \text{m}=0.3\ \text{km})$。

若 $f_h \leqslant F_{h限}$，则测量结果合格，否则应先检查计算有无错误，若计算无误，则应重测。

4. 注意事项

(1)控制点应立尺于桩顶。

(2)中桩立尺位应于桩前地面。

(3)转点应立于尺垫或稳固的岩石上，控制桩做转点时，应立尺于桩顶。

(4)前、后视读数应读到毫米，中视读数读到厘米。

(5)为防止仪器下沉影响精度，应按照后视读数→前视读数→中视读数的顺序观测。

(6)中平测量宜测量两遍，在都合格的情况下，比较同一中桩的两次高程，其不符值不应大于 10 cm。在允许范围内时，以第一次测量结果为准，不必取平均。不合格的中桩需重测。

(7)测量时按中桩号表进行，并应与地面中桩号核对，以免漏测。

(8)收工前，应测到水准点闭合。若测不到水准点，应在收工处设立稳固的转点，测出该转点的高程，以便下次工作的继续。

(三)线路纵断面图的绘制

纵断面图是表示沿路线中线方向的地面起伏状态和设计纵坡的线状图，它反映出各路段纵坡的大小和中线位置处的填挖尺寸，是道路设计和施工中的重要文件资料，如图 7-4 所示。

线路纵断面图一般绘在毫米方格纸上，水平方向表示里程，竖直方向表示高程。为突出地面的起伏变化，高程比例尺是水平距离比例尺的 10 倍，高程比例尺为 1∶1 000，水平距离比例尺为 1∶10 000，标准图幅宽度为 420 mm 或 297 mm。

纵断面图的上部表示线路中线经过的地貌自然状况及线路设计的高程位置，以及桥涵、隧道、车站、水准点等的位置。下部表示线路经过地区的地质情况及各项设计资料等。

里程：表示勘测里程，应首先绘出。按比例从左向右绘出百米桩和公里桩，应绘在方格纸的厘米分划线上。由于线路局部改线以及分段测量等原因，使得连接处原百米桩里程与后测里程不一致，称为断链。后测该点里程大于该点原里程为长链，反之为短链。在断链处，前后两百米桩间的平距不按比例绘制。但需在上下各画一粗线段，并在方格内注明实际长度，例图

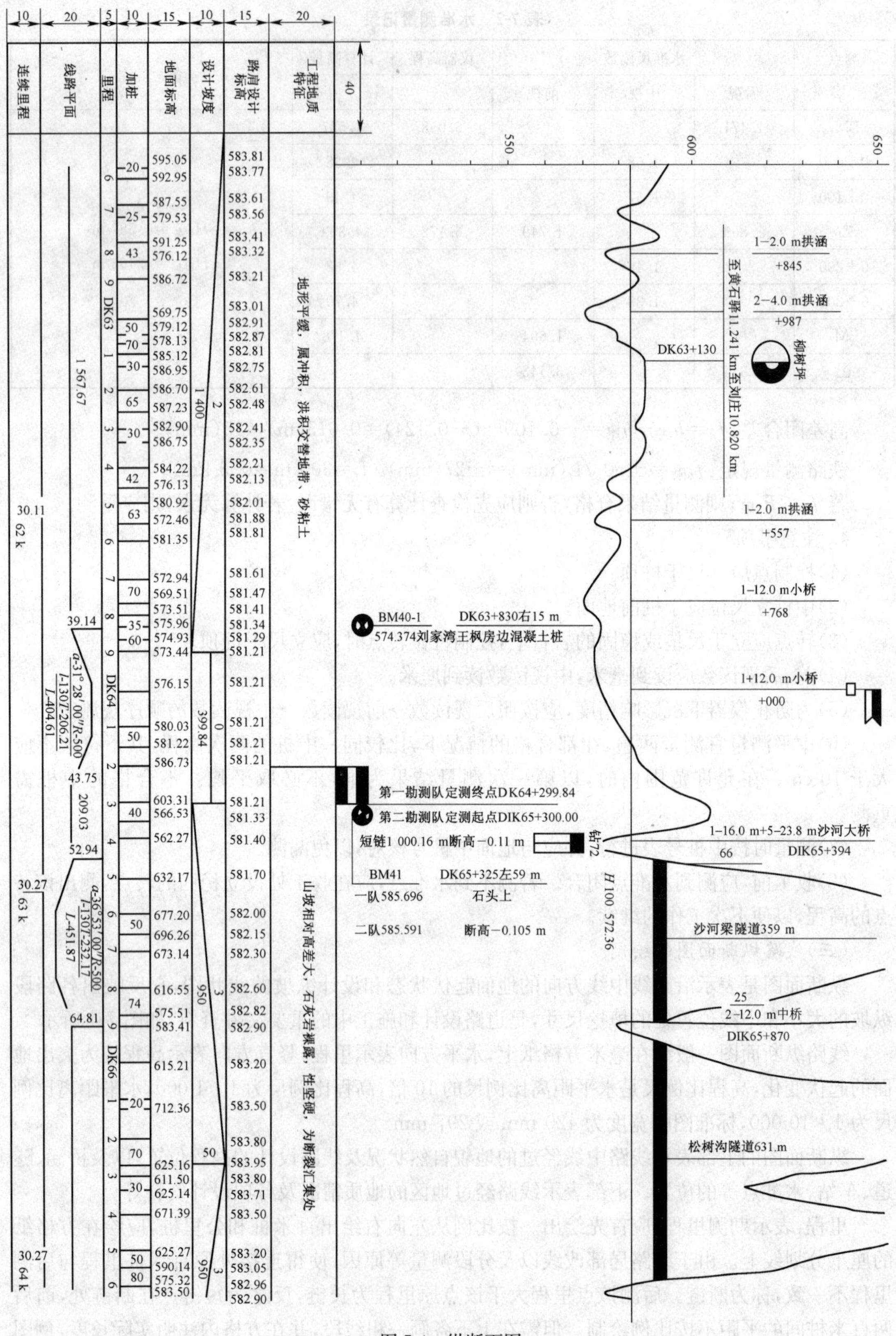
连续里程
线路平面
里程
加桩
地面标高
设计坡度
路肩设计标高
工程地质特征
地形平缓，属冲积、洪积交替地带，砂粘土
山坡相对高差大，石灰岩裸露，性坚硬，为断裂汇集处
1–2.0 m拱涵
+845
2–4.0 m拱涵
+987
DK63+130
柳树坪
至黄石驿11.241 km至刘庄10.820 km
1–2.0 m拱涵
+557
1–12.0 m小桥
+768
BM40-1
DK63+830右15 m
574.374刘家湾王枫房边混凝土桩
1+12.0 m小桥
+000
第一勘测队定测终点DK64+299.84
第二勘测队定测起点DIK65+300.00
短链1 000.16 m断高−0.11 m
1–16.0 m+5–23.8 m沙河大桥
DIK65+394
BM41
DK65+325左59 m
一队585.696
石头上
二队585.591
断高−0.105 m
沙河梁隧道359 m
2–12.0 m中桥
DIK65+870
松树沟隧道631.m
H 100 572.36
钻72

图 7-4　纵断面图

7-4 中 DK64＋200～300 之间实为 99.84。

加桩:在加桩位置绘一竖线,竖线旁注字表示距前一百米桩的距离。

地面标高:各中线桩的地面高程。根据中线桩的里程和地面高程,在图的上部按照规定的比例尺点出中桩的位置,连接所绘出的各点所得的折线,即是线路中线的地面线。

设计坡度:竖线表示变坡点的位置,其里程不在整百米时,要注明至百米桩的距离。水平线表示平坡,斜线倾斜方向表示上坡或下坡。斜线上的数字表示设计坡度的千分率,下面的数字为坡段长度,以米为单位。

路肩设计标高:路基肩部的设计标高,是由线路起点路肩标高根据设计坡度及里程推算得出的。某中线桩的路肩设计标高与对应地面标高之差,即为该中线桩的填挖量。

线路平面:线路中线的平面示意图,位于该栏中央的直线表示线路中线的直线段,其上数字表示直线的长度。曲线部分用折线表示,向上凸出表示曲线向右转,向下凸出表示曲线向左转。折线中间的水平线表示圆曲线,斜线则表示缓和曲线部分。在每个曲线处要注明曲线要素,在曲线起终点上要标注出距前一个百米桩的距离。

连续里程:指扣除断链以后距线路起点的实际公里数,粗短线为公里标的位置,下方数字为公里数,左侧数字为公里标到上一相邻百米桩的距离。

工程地质特征:填写沿线地质情况。

此外,在图上还要用专用符号标明车站、桥涵、隧道等的位置,同时注明沿线水准点的编号、位置及高程。

子情境2 横断面测量

一、相关知识

线路横断面测量,就是测出垂直于线路中线方向上线路两侧地形的起伏情况,并绘成横断面图,作为路基及路基边坡设计、土石方量计算以及桥涵、挡土墙等设计的依据。

(一)横断面施测的密度

横断面施测的密度,应根据沿线的地形和地质情况以及设计需要确定。一般应在曲线控制桩、公里标、百米标以及线路纵、横向地形明显变化处测绘横断面。在高路堤、深路堑、挡土墙、大中桥头、隧道洞口以及地质不良地段,应按设计需要适当加密横断面。

(二)横断面施测的宽度

横断面施测的宽度应满足路基、取土坑、弃土堆以及排水沟设计的要求,但每侧最少不得小于 30 m。

在测绘过程中,若发现加桩不够,或桩位置不当,可根据实际需要重新设定。

二、作业准备

横断面测量方法有手水准法、抬杆法、经纬仪视距法、光电测距法、水准仪法、全站仪机助成图法、GPS 机助成图法等。

由于横断面数量多,工作量大,测量精度要求不高,因此,可以根据实际情况,选择适当的方法。

开始测量前,应准备好测量仪器、工具以及中桩高程等资料。

三、作业计划与实施

（一）测定横断面方向

在直线地段，横断面方向是与线路中线垂直的方向。

在曲线范围内，横断面方向是与曲线上测点的切线相垂直的方向，即该测点的法线方向。

测定横断面方向的方法有经纬仪法和方向架法。

1. 经纬仪定向

(1)直线地段

经纬仪安置于中桩，后视另外一中桩定向，拨角 90°，则望远镜视线方向即为置镜中桩处的横断面方向。

(2)圆曲线地段

如图 7-5 所示，安置经纬仪于 B 点，后视 A 点，配置水平度盘为 0°00′00″，拨角 $90°+\delta$，则经纬仪视线方向（BD 方向）即为 B 点处的横断面方向。

(3)缓和曲线地段

如图 7-6 所示，将经纬仪安置于缓和曲线上任意点 T，则图中的偏角 i_n 可按下式计算：

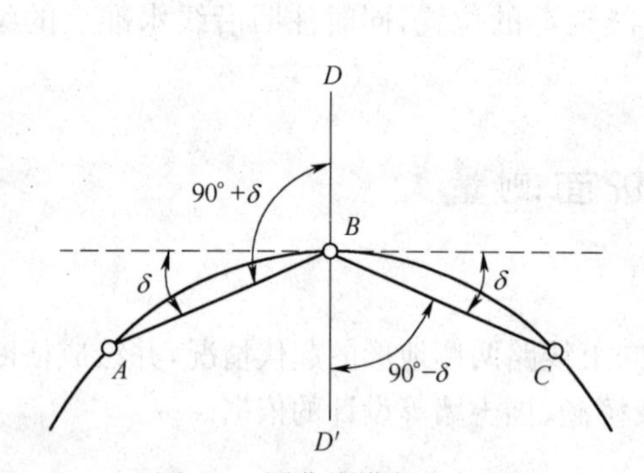

图 7-5　圆曲线横断面方向

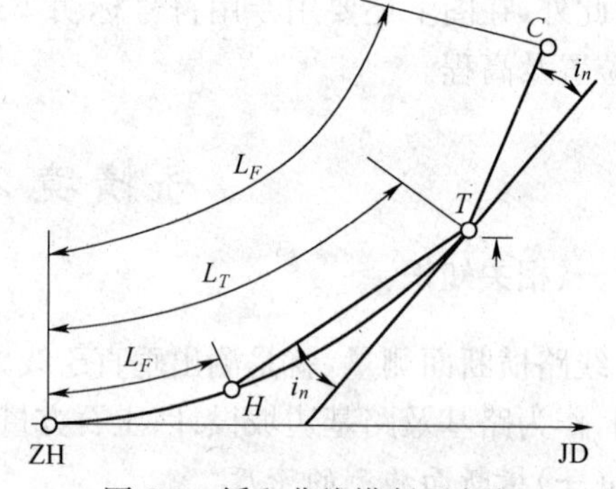

图 7-6　缓和曲线横断面方向

$$i_n=\frac{30}{\pi R l_0}(L_F-L_T)(L_F+2L_T)(°)$$

式中　i_n——置镜点对前后视各点的偏角；

L_F——观测点（C 或 H）至缓和曲线起点的距离；

L_T——置镜点至缓和曲线起点的距离。

若 $i_n>0$，则为前视点（C）的偏角；若 $i_n<0$，则为后视点（H）的偏角。

偏角计算出来后，可拨角测定横断面方向，方法与圆曲线相同。

2. 方向架定向

方向架的形状如图 7-7 所示。在互相垂直的两个木片上，钉有四个铁钉，构成两条互相垂直的直线。

(1)直线地段

直线地段，将方向架立于中桩上，使方向架的一条连线瞄准另一中桩点，则与之垂直的另一连线的方向即为该中桩处的横断面方向，如图 7-8 所示。

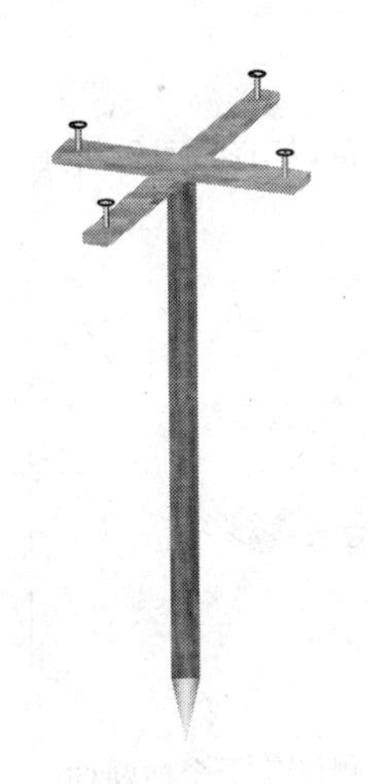

图 7-7　方向架

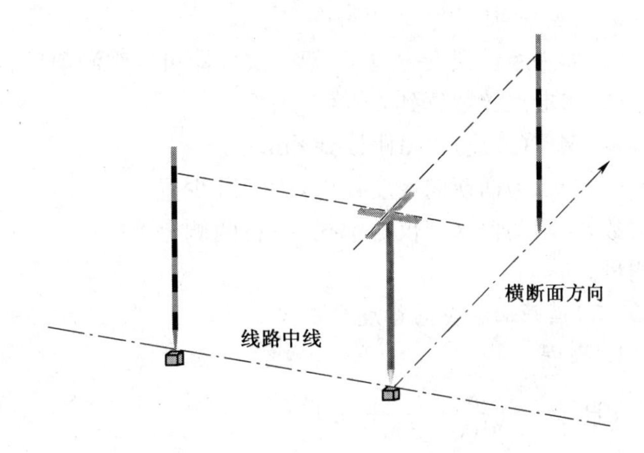

图 7-8　用方向架确定直线地段横断面方向

(2)圆曲线地段

如图 7-9 所示，欲测 B 点处的横断面，先在与 B 点前后等距离的曲线上找出 A、C 两点，方向架立于 B 点。首先，用方向架的一个方向对准 A 点，方向架的另一方向定出 AB 线的垂直方向 BD'；然后，用方向架的一个方向对准 C 点，则另一方向定出 BC 线的垂直方向 BD''，使 $BD'=BD''$。取 D' 和 D'' 的中点 D，则 BD 方向即是 B 点处的横断面方向。

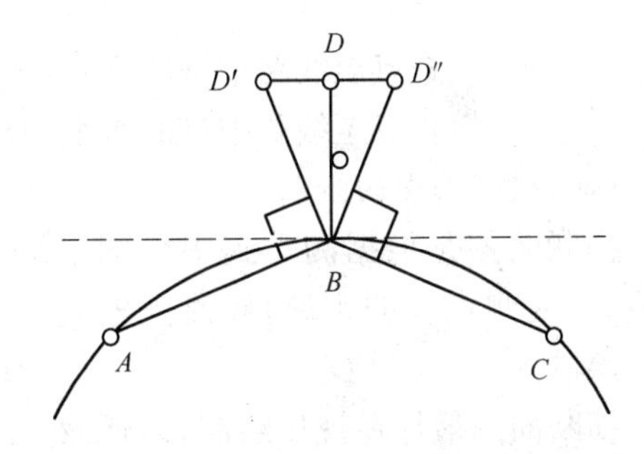

图 7-9　用方向架确定圆曲线段横断面方向

(二)水准仪法测量横断面

1. 适用范围

精度要求高，地势平坦，通视良好地段。

2. 测量方法

用方向架(或经纬仪)确定横断面方向。

水准仪安置在适当位置，后视中桩，前视横断面方向上各地形变化点，同时用钢尺(或皮尺)量出地形变化点到中桩的水平距离，记入记录表 7-3 并计算。

表 7-3　横断面测量记录(水准仪)

桩号 DK63+500　高程 580.02 m											
左　侧						右　侧					
高程	前视	仪器高程	后视	距离	测点	测点	距离	后视	仪器高程	前视	高程
580.02		582.05	2.03		DK63+500	DK63+500		2.03			580.02
	1.85			2	1	1	5.1			3.33	
	2.6			4	2	2	9.4			2.84	
	1.8			1.5	3						
说明											

3. 注意事项

(1)如果水准仪安置适当,架一次仪器可以观测前后若干个横断面,如图 7-10 所示。

(2)水准尺读数读到 cm。

(3)钢尺(或皮尺)量距读到 dm。

(4)如果地面横向坡度较大,为了减少置镜次数,可用两台水准仪沿中线左、右两侧分别测量。

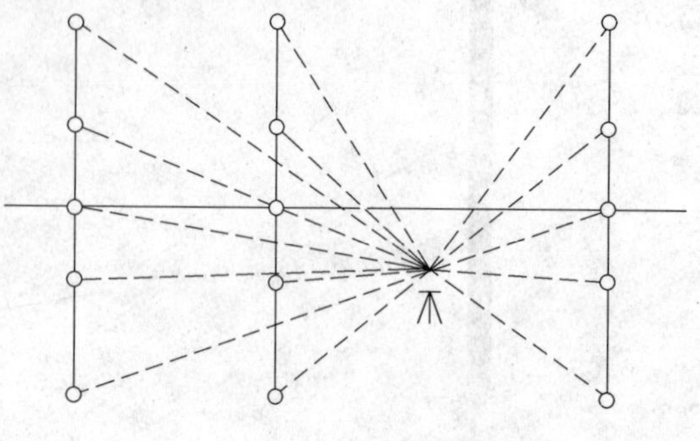

图 7-10 一测站测设若干个横断面

(三)横断面测量的精度要求

1. 高程

$$dH_{限}=\pm\left(\frac{h}{100}+\frac{l}{200}+0.1\right)\quad(m)$$

2. 明显地物点的距离

$$dl_{限}=\pm\left(\frac{l}{100}+0.1\right)\quad(m)$$

式中 h——检查点至线路中桩的高差,m。

l——检查点至线路中桩的水平距离,m。

(四)横断面图的绘制

横断面图是根据测点到中桩的水平距离(或测点间的距离)和测点的高程来绘制的。

横断面图最好在现场绘制,以便及时检核测量结果和绘图质量。

横断面图一般绘在毫米方格纸上,按里程桩号的顺序在图幅内自下而上,由左到右排列,而且每行的横断面中线应排在一条线上。相邻断面图间应留有一定间距,以便在横断面设计时绘制路基断面。

绘制横断面图时,水平方向表示平距,竖直方向表示高程,绘制比例尺一般采用 1∶200。

绘制时,使每行的横断面中心线排在一条线上,以中桩为准,根据左右两侧的测点至中桩的距离和各点的高程,点绘出地形变化点。依次连接各点所得折线,即为该中桩处的横断面图,如图 7-11 所示。

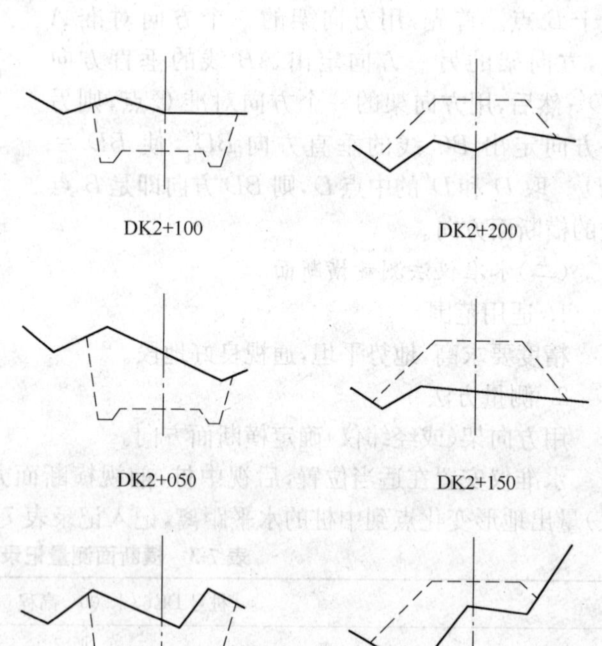

图 7-11 横断面图

学习情境8　新线施工测量

【情境描述】　新线施工测量包括线路施工复测、路基放样、路基竣工测量及铺设铁路上部建筑物时的测量等工作。在本情境中我们主要完成路基放样测量工作，包括路基边桩的测设和路基边坡的测设两项内容。

一、相关知识

（一）新线初测

铁路线路初测工作主要有插大旗、导线测量、高程测量和地形测量等项内容。

（二）新线定测

铁路线路定测阶段的测量工作主要有中线测量、线路纵断面测量和线路横断面测量三项内容。

（三）新线施工测量

铁路线路施工测量的主要任务，是按设计要求和施工进度，及时测设作为施工依据的各种桩点。其主要内容包括线路施工复测、路基放样、路基竣工测量等。

二、作业准备

由于定测以后往往要经过一段时间才进行施工，定测时所钉设的某些桩点难免丢失、损坏或被移动，因此，在线路施工开始之前，必须检查、恢复全线的控制桩和中线桩，进行复测。施工复测后，中线控制桩必须保持正确位置，以便在施工中经常据以恢复中线。在施工中经常发生桩点被碰动或丢失，为了迅速又准确地把中线恢复在原来位置，复测过程中还应对线路各主要桩橛（如交点、直线转点、曲线控制点等），在土石方工程范围之外设置护桩。

1. 线路复测

线路复测工作的内容和方法与定测时基本相同。施工复测前，施工单位应检核线路测量的有关图表资料，会同设计单位进行现场桩橛交接。主要桩橛有直线转点、交点、曲线主点、有关控制点、三角点、导线点、水准点等。

线路复测包括转向角测量、直线转点测量、曲线控制桩测量和线路水准测量。复测的主要目的是检验原有桩点的准确性，而不是重新测设。经过复测，凡是与原来的成果或点位的差异，在允许的范围时，一律以原有的成果为准，不作改动。若桩点有丢失和损坏，则应予以恢复。当复测与定测成果不符值超出容许范围时，应多方寻找原因，如确属定测资料错误或桩点发生移动，则应改动定测成果，且改动尽可能限制在局部的范围内。复测与定测成果的不符值的限差如下：

①水平角：±30″；②距离：钢尺量距1/2 000，光电测距1/4 000；③转点点位横向差：每100 m不应大于5 mm，当点间距离长于400 m时，亦不应大于20 mm；④曲线横向闭合差：

10 cm;⑤水准点高程闭合差:$\pm 30\sqrt{L}$ mm;⑥中桩高程:±10 cm。

2. 护桩的设置

护桩一般设置两组。连接护桩的直线宜正交,困难时交角不宜小于 60°。每一方向上的护桩应不少于三个,以便在有一个不能利用时,用另外两个护桩仍能恢复方向线。如地形困难,亦可用一根方向线加测精确距离,也可用三个护桩作距离交会。根据中线控制桩周围的地形等条件,护桩按图 8-1 所示的形式进行布设。对于地势平坦、填挖高度不大、直线段较长的地段,也可在中线两侧一定距离处,测设两排平行于中线的施工控制桩,如图 8-2 所示。

护桩的位置应选在施工范围以外,并考虑施工中桩点不被破坏、视线也不被阻挡。设护桩时将经纬仪安置在中线控制桩上,选好方向后,以远点为准用正倒镜定出各护桩的点位,然后测出方向线与线路所构成的夹角,并量出各护桩间的距离。为便于寻找护桩,护桩的位置用草图及文字作详细说明,如图 8-3 所示。

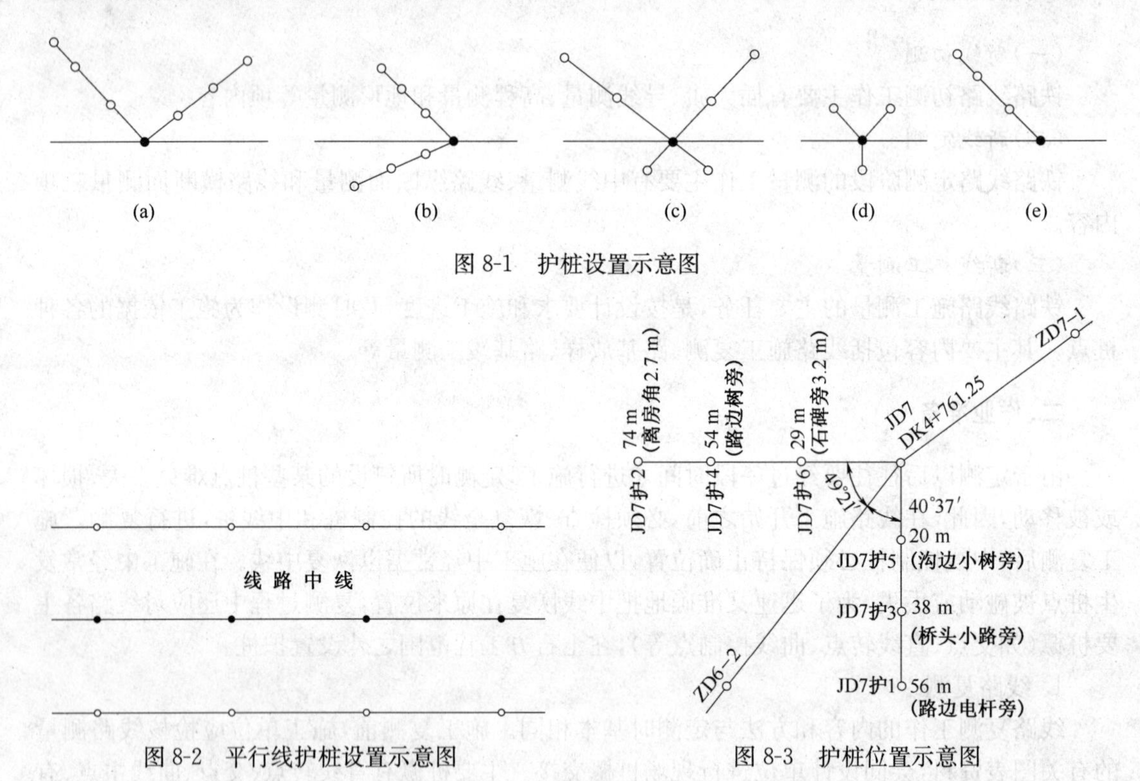

图 8-1 护桩设置示意图

图 8-2 平行线护桩设置示意图

图 8-3 护桩位置示意图

三、作业计划与实施

1. 路基边桩的测设

路基边桩测设就是在地面上将每一个横断面的路基边坡线与地面的交点用木桩标定出来。边桩的位置由两侧边桩至中桩的距离来确定。边桩测设的方法很多,常用的有图解法和解析法。

(1)图解法

在地势比较平坦的地段,如果横断面测绘精度较高,可以在路基横断面设计图上直接量取中桩到边桩的水平距离,然后到实地在横断面方向用皮尺量距进行边桩放样。

(2)解析法

①平坦地段路基边桩的测设

填方路基称为路堤，挖方路基称为路堑，如图 8-4(a)、(b)所示。

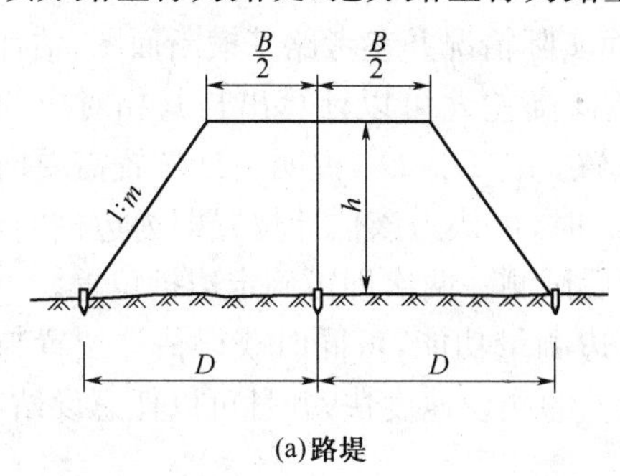

(a)路堤

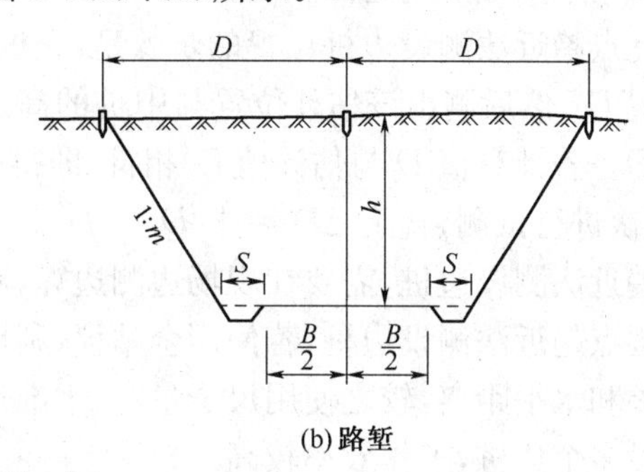

(b)路堑

图 8-4　路堤、路堑

路堤边桩至中桩的距离为：　　$D=B/2+mh$　　(8-1)

路堑边桩至中桩的距离为：　　$D=B/2+S+mh$　　(8-2)

式中　B——路基设计宽度；

S——路堑边沟顶宽；

$1:m$——路基边坡坡度；

h——填土高度或挖土深度。

以上是横断面位于直线段时求算 D 值的方法。若横断面位于曲线上有加宽时，再按上面公式求出 D 值后，在曲线内侧的 D 值中还应加上加宽值。

②倾斜地段路基边桩的测设

在倾斜地段，边桩至中桩的距离随着地面坡度的变化而变化。

如图 8-5 所示，路堤边桩至中桩的距离为：

斜坡上侧　　$D_{上}=B/2+m(h_{中}-h_{上})$　　(8-3)

斜坡下侧　　$D_{下}=B/2+m(h_{中}+h_{下})$　　(8-4)

如图 8-6 所示，路堑边桩至中桩的距离为：

斜坡上侧　　$D_{上}=B/2+S+m(h_{中}+h_{上})$　　(8-5)

斜坡下侧　　$D_{下}=B/2+S+m(h_{中}-h_{下})$　　(8-6)

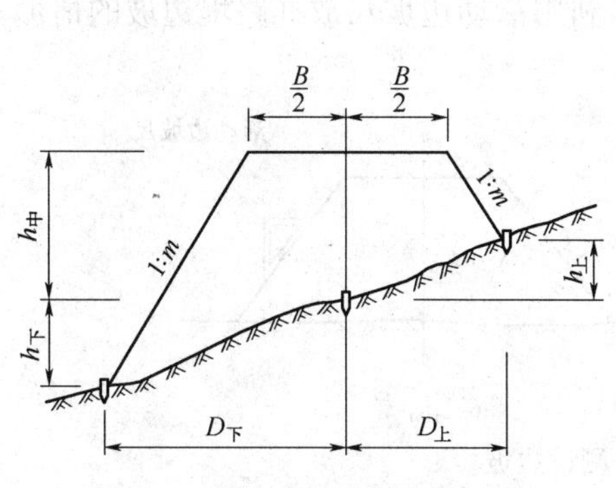

图 8-5　斜坡地段路堤边桩测设

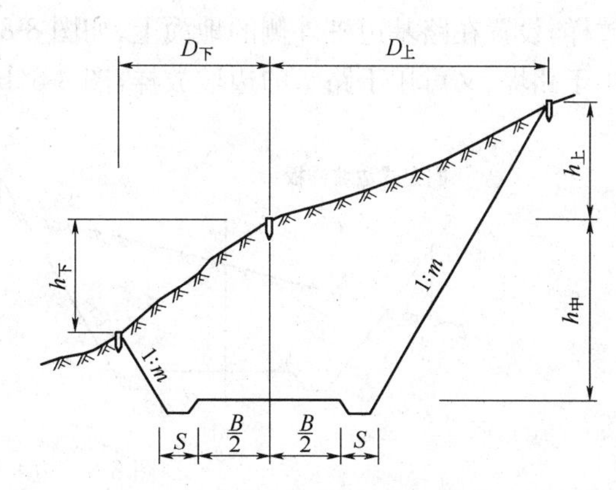

图 8-6　斜坡地段路堑边桩测设

式中 B、S、m、$h_{中}$(中桩处的填挖高度)为已知,$h_{上}$、$h_{下}$为斜坡上、下侧边桩与中桩的高差,在边桩未定出之前为未知数。由于 $h_{上}$、$h_{下}$未知,不能计算出边桩至中桩的距离值,因此,在实际工作中采用逐点趋近法测设边桩。

逐点趋近法测设边桩位置的步骤是:先根据地面实际情况并参考路基横断面图,估计边桩的位置 D',然后测出该估计位置与中桩的高差 h,按此高差 h 可以计算出与其相对应的边桩位置 D。若计算值 D 与估计值 D'相符,即得边桩位置。若 $D>D'$,说明估计位置需要向外移动,再次进行试测,直至 $\Delta D=|D-D'|<0.1$ m时,可认为该估计位置即为边桩的位置。逐点趋近法测设边桩,需要在现场边测边算,有经验后试测一两次即可确定边桩位置。

逐点趋近法测设边桩,若使用全站仪,利用其对边测量功能,可同时获得估计位置与中桩的高差和水平距离,较之使用尺子量距、水准仪测高差的测设速度快,并且可以任意设站,一测站测设多个边桩,工作效率较高。

2. 路基边坡的测设

边桩测设后,为保证路基边坡施工按设计坡率进行,还应将设计边坡在实地上标定出来。

(1)挂线法

如图 8-7(a)所示,O 为中桩,A、B 为边桩,CD 为路基宽度。测设时,在 C、D 两点竖立标杆,在其上等于中桩填土高度处作 C'、D'标记,用绳索连接 A、C'、D'、B,即得出设计边坡线。当挂线标杆高度不够时,可采用分层挂线法施工,见图 8-7(b)。此法适用于放样路堤边坡。

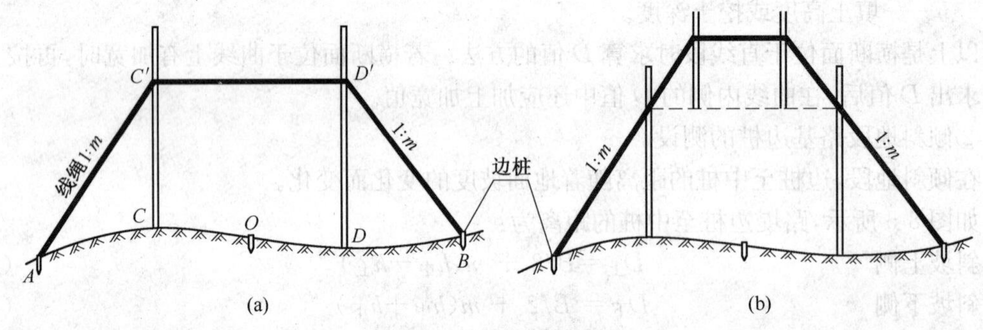

图 8-7 挂线法测设边坡

(2)边坡样板法

边坡样板按设计坡率制作,可分为活动式和固定式两种。固定式样板常用于路堑边坡的放样,设置在路基边桩外侧的地面上,如图 8-8(a)所示。活动式样板也称活动边坡尺,它既可用于路堤、又可用于路堑的边坡放样,图 8-8(b)表示利用活动边坡尺放样路堤边坡的情形。

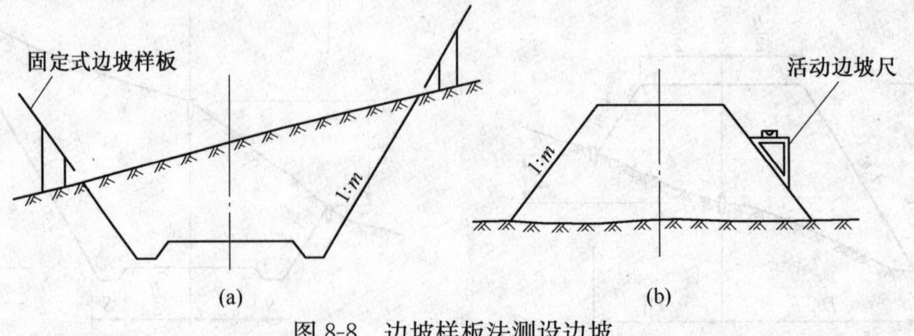

图 8-8 边坡样板法测设边坡

机械化施工时,宜在边桩外插上标杆以表明坡脚位置,每填筑 2～3 m 后,用平地机或人工修整边坡，使其达到设计坡度。

3. 路基高程的测设

根据线路附近的水准点，在已恢复的中线桩上，用水准测量的方法求出中桩的高程，在中桩和路肩边上竖立标杆，杆上划出标记并注明填挖尺寸。在填挖接近路基设计高时，再用水准仪精确标出最后应达到的标高。

机械化施工时，可利用激光扫平仪来指示填挖高度。

【拓展知识】

一、路基竣工测量

在路基土石方工程完工之后，铺轨之前应当进行线路竣工测量。竣工测量的任务是最后确定线路中线位置，作为铺轨的依据；同时检查路基施工质量是否符合设计要求。其内容主要包括中线测量、高程测量和横断面测量。

1. 中线测量

首先根据护桩将主要控制点恢复到路基上，进行线路中线贯通测量；在有桥、隧的地段，应从桥梁、隧道的线路中线向两端引测贯通。贯通测量后的中线位置，应符合路基宽度和建筑物接近限界的要求，同时中线控制桩和交点桩应固桩。

对于曲线地段，应支出交点，重新测量转向角值，测角精度与复测时相同。当新测角值与原来转向角之差在允许范围内时，仍采用原来的资料。曲线的控制点应进行检查，曲线的切线长、外矢距等检查误差在 1/2 000 以内时，仍用原桩点；曲线横向闭合差不应大于±5 cm。

中线上，直线地段每 50 m、曲线地段每 20 m 测设一桩，道岔中心、变坡点、桥涵中心等处均需钉设加桩。全线里程自起点连续计算，消灭由于局部改线或假设起始里程而造成的里程不能连续的“断链”。

2. 高程测量

竣工测量时，应将水准点移设到稳固的建筑物上，或埋设永久性混凝土水准点，其间距不应大于 2 km，其精度与定测时要求相同。全线高程必须统一，消灭因采用不同高程基准而产生的“断高”。

中桩高程按复测方法进行，路基高程与设计高程之差不应超过±5 cm。

3. 横断面测量

主要检查路基宽度，侧沟、天沟的深度，宽度与设计值之差不得大于 5 cm，路堤护道宽度误差不得大于 10 cm。若不符合要求且误差超限者应进行整修。

二、铺设铁路上部建筑物时的测量

铁路路基竣工之后，即可着手进行路基上部建筑物的施工。路基上部建筑物包括道碴、轨枕和铁轨。在铺设道碴之前必须进行路基竣工测量，使得所测设的中线及路基面高程符合要求，之后进行铁路上部建筑物的平面位置和高程位置的放样。

铁路上部建筑物的平面位置是由中心线的标桩向两侧量距放样出来的。上部建筑物在高程方面的设计位置一般放样在中桩的侧面上，以划线或切口表示。第一个标记为路基顶面的标高，第二个记号为轨枕底平面的标高，而第三个记号则是钢轨顶面的标高。铺设轨道时高程放样的容许误差为±4 mm，操作时应认真细致。

学习情境 9 既有线测量

【情境描述】 既有线测量的内容主要有线路纵向丈量、横向调绘、中线测量、高程测量、横断面测量、地形测量等。本情境主要学习既有线中线测量方法。

一、相关知识

由于列车运行和自然条件的影响,既有线的纵、横断面以及铁路限界内的地物、地貌都程度不同的发生了变化,须定期进行既有线测量,其测绘资料是日常运营管理、线路的正常维修和养护、特殊情况下线路修复的重要依据。

既有线测量的内容主要有线路纵向丈量、横向调绘、中线测量、高程测量、横断面测量、地形测量等。

二、作业准备

1. 纵向丈量

线路纵向丈量,又称百米标纵向丈量或里程丈量。线路纵向丈量的目的,是沿既有线定出其公里标、百米标及加标。

线路里程丈量的起点,应在"设计任务书"中规定,一般是从指定的车站中心或桥、隧建筑物等能确定既有里程的点位引出。支线、专用线与联络线等,以联轨道岔中心为里程起点。所有起点里程均应与既有线文件里程核对并取得一致。里程丈量从起点开始,按原有里程方向连续丈量推算里程。

里程丈量以既有线正线轨道中心的长度为准,一般应沿轨道中心线丈量。当直线段较长时,距曲线起、终点 40～80 m 以外的直线段,可沿左轨轨面丈量。双线并行区段的里程,沿下行线丈量。并行直线地段的上行线采用对应下行线里程(下行线向上行线投影),使两线里程一致;并行曲线地段应分别丈量,并在曲线测量终点外的直线上取得投影断链。当上行线为绕行线时,应单独丈量。外业断链应设在百米标处,困难时可设在里程为 10 m 整倍数的加标处,不应设在车站、桥隧建筑物和曲线范围内。

在轨道上丈量里程,一般用轨道方尺定位。测量用的轨道方尺,在距横挡外端头 1/2 轨距的直杆面上钉有小铁钉。在直线地段测定轨道中心,可将横挡外端顶紧任意一侧钢轨顶内侧面,铁钉处即为轨道中心。既有线曲线地段的线路轨道中心是距外轨轨顶内侧 1/2 标准轨距处,在曲线段测定轨道中心,必须将横挡顶紧外轨顶内侧面。

丈量直线段长度时,常用 50 m 钢尺整尺量距。在曲线地段丈量时,每尺丈量 20 m 弦长以代替弧长。当圆曲线半径小于 300 m 时,在圆曲线段要扣除弦弧差。

里程丈量一般应由两组人员各持一根钢尺独立进行,依次向前丈量,每公里核对一次,当两组丈量结果的相对误差小于 1/2 000 时,则以第一组丈量的里程为准。如果精度超限,由第二组重新丈量，确信无误后立即通知第一组重新丈量并改正，之后再继续前进。

里程丈量的同时，应与原有桥梁、隧道、车站等建筑物的里程核对，并在记录本上注明其差数。线路设有轨道电路时，里程丈量应采取绝缘措施。

2. 里程标的设置

里程丈量时，应按照实测里程位置，设置公里标、半公里标、百米标和加标。

设置加标的地点和里程取位的规定如下：

(1)桥梁中心、大中桥的桥台胸墙和台尾、隧道进出口、圆曲线和缓和曲线始终点标、车站中心、道岔中心、信号机等，取位至厘米。

(2)涵渠、渡槽、站台、平交道口、坡度标、跨越线路的管线(电力线、通讯线、地下管线等)中心，新型轨下基础、路基防护、支挡工程等的起终点和中间变化点，取位至分米。

(3)路基边坡的最高和最低点、路堤和路堑交界处、路基宽度变化处、路基病害地段，取位至米。

需要设置加标的建筑物的点位，宜先作专业调查。建筑物和标志的加标性质(如桥中心、洞口、坡度标等)，应在记录本上注明，记录格式见表 9-1。

表 9-1　百米标及加标的里程记录

里程及百米标	加标	丈量结果			差数	附　注
		第一次	第二次	检查		
K236+100		100	100			
	142.3					通讯线交叉中心
	152.15					台前
	164.45					桥梁中心
	176.75					台尾
	187.6					220 V 电力线交叉中心
236+200		100	99.99			
	250.7					平交道中心
	256.50					直缓标
236+300		100	100.01			
	336.50					缓圆标
	339.8					涵心
	365.2					地下电缆
236+400		100	100			
	430.7					挡墙起
	455.9					挡墙终
	458.50					曲中标
236+500		100	100			
	580.50					圆缓标
236+600		100	100.01			
	660.50					缓直标
236+700		100	100			
	776.8					涵心
236+800		100	100			

里程丈量到设标位置时,先用轨道方尺将点位平移到钢轨顶,侧面画粉笔线,用钢刷除去铁锈后,用白色油漆在左轨外侧腹部按粉笔位画竖线(左轨为曲线外轨时,内轨外侧也要画竖线),在左轨竖线左侧标注公里整数,右侧标注里程零数。公里标和半公里标应写全里程,百米标和加标可不写公里数,如图 9-1 所示。

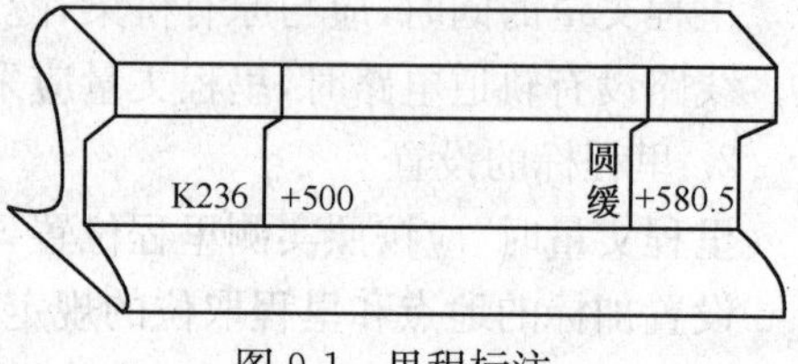

图 9-1 里程标注

3. 横向调绘

线路横向调绘,又称百米标横向测绘,是对既有线沿线地物、地貌做详细的调绘,以充实或修正既有线平面图。调绘重点是影响线路方案和第二线位置的控制地段。如果线路有新测绘的大比例尺地形图,则横向调绘内容可简化或省略。在地形图上精度达不到要求和显示有困难的有关地物亦应进行必要的调绘工作。为此,测绘工作开始前应尽可能搜集到该线路的各种平面图,并携带至现场。

既有线横向调绘成果应记录和反映在百米标详细记录簿上。

(1)百米标记录簿

百米标详细记录簿格式如图 9-2 所示。记录簿中间一条上下直线代表线路中线,在其左右各 1 cm 划两条平行线用以代表路肩。记录簿比例尺应根据地物、地貌的复杂程度确定,一般采用 1∶2 000 或 1∶1 000。横向调绘开始前,先在室内根据纵向丈量记录,将所测地段的百米标及加标,自下而上地抄在簿内中线右侧的 1 cm 宽度内;路肩上的各种标志则根据实际情况,画在中线两侧的路肩线内。调绘时,以中线里程为纵坐标,与中线相垂直的横向距离为横坐标来确定点位。每边的调绘宽度一般为 20 m,重点工程及用地较宽处,再酌量加宽。横向调绘精度根据调绘内容的重要性,用钢尺、皮尺或目估测定。路基以内量至 cm,路基以外量至 dm,地貌分类(含土地类别)或行政区的分界可估至 m 即可。

调绘时,应在现场将图基本画好。当地物、地貌比较复杂,记录簿记录不清时,可将这部分地物、地貌用略图表示之,而将其详细情况绘于补充百米标记录簿内,并注明两种记录之间的关系,以便查阅。

(2)调绘内容

①地貌、地物的调绘

包括山丘、河流、公路、小路、水塘、房屋、电杆、路堤和路堑分界点、取土坑、弃土堆等位置的调绘,并应注明情况。例如,河流应注明名称、流向及能否通航;公路应注明宽度、路面材料及去向;水塘、取土坑应注明深度;房屋,如属路产应与台账核对,如有拆迁的可能则应详细调查户主姓名、建筑材料类别、新旧程度等;通讯及电力线路应注明业主、电线对(根)数、电杆材料等,当其跨越线路时,应测出最低电线到轨顶的高度及电线与线路的交角;防护林,则应调查植物名称、树龄,并丈量距线路中心的距离等等。省、市、县、乡的分界线,水田、旱地、荒地等土地种类分界线,亦应调绘、核对。

②线路标志与设备的调绘

包括路基上的各种标志、桥涵、平(立)交道口、排水设备以及挡土墙、护坡等的调绘。例如,坡度标应注明坡度、坡长;曲线标应注明曲线要素;桥梁应按比例尺绘出平面示意图,并注明中心里程及孔数,如系跨线桥还应注明与铁路的交角及净空;平交道口应注明宽度、与线路交角、防护栏栅类别、有无看守、每昼夜通车对数及行人情况等等。沿线排水系统应按要求进行调查，特别是排水不良地段，要详细查明原因。当排水系统设备远离中线而该设备有改造可能时，或排水特别困难地段，须测绘 1∶500 或 1∶1 000 大比例尺地形图，或测绘排水沟中线及其纵、横断面图。

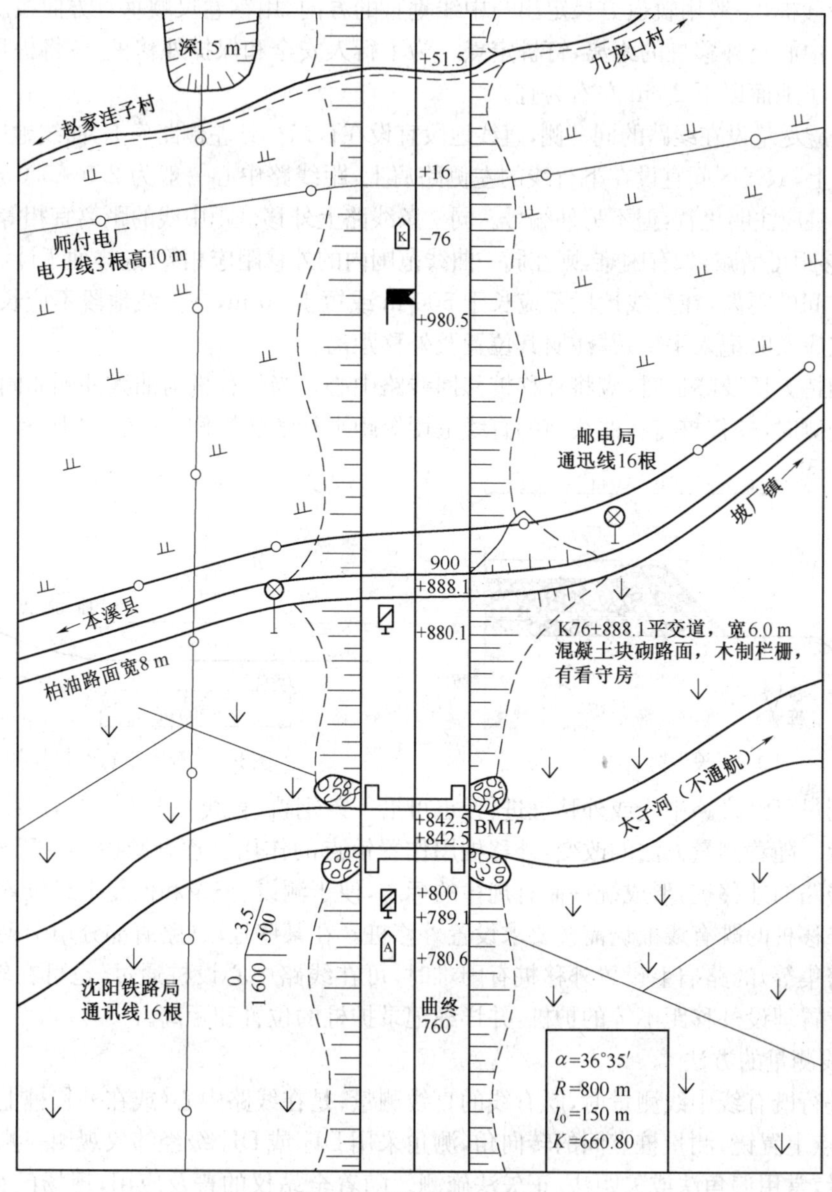

图 9-2 百米标记录格式

三、作业计划与实施——既有线的中线测量

中线测量主要是沿既有铁路中心线进行测量，将既有线路的平面现状测绘出来，结合线路纵向丈量及横向调绘资料，用来整正线路，进行线路平面计算和坐标计算，以便重新给既有线选择合理的设计半径和曲线的拨正量，使线路恢复到较好状态，适应铁路运输需要。

1. 线路中线外移桩的设置

为了埋设固定的中线测量标桩，作为测量和施工的依据，常将线路中线平行外移到路肩上，在轨道外设置线路中线的外移桩。

设置外移桩，一般用轨道方尺定出与中线垂直的方向，用钢卷尺顺垂直方向按所定的外移距量出线路中心至外移桩的距离，钉桩定点。为了行人安全和保护外移桩，应将桩顶打到与地面平齐或位于地面以下 2 cm 左右为宜。

外移桩应尽量设在线路的同一侧，直线地段宜设在百米标处左侧路肩上，曲线地段应设在曲线外侧路肩上，双线区间宜设在下行线的左侧路肩上，距线路中心一般为 2.0～3.0 m，如图 9-3 所示。外移桩应注明里程，但不另外编号。同一条线路上外移桩距中线的距离宜相等，如遇建筑物障碍，外移距可增减，如有困难，则在同一曲线范围内的外移距应相等，这样便于计算。

外移桩间的距离，在直线地段不应长于 500 m 或短于 50 m，在曲线地段不应长于 100 m。所设外移桩应及时记入手簿，并注明其位置及外移距离。

在遇到特大桥及隧道时，应将外移桩移回线路中心。当外移桩与曲线外侧非同侧、或当增建第二线变侧时，外移桩需在曲线前的直线上用等距平行线法换侧，如图 9-4 所示。

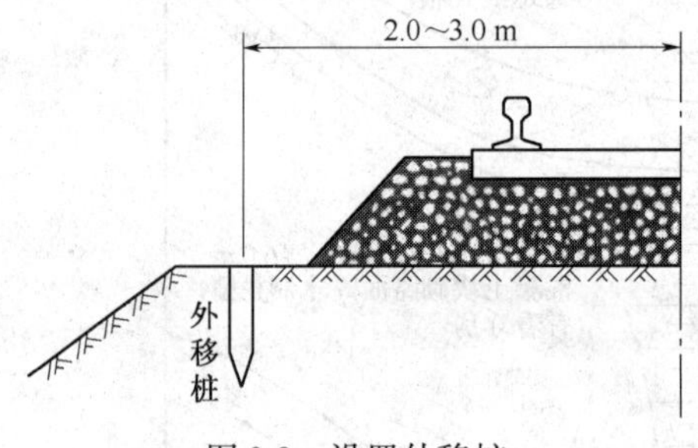

图 9-3　设置外移桩

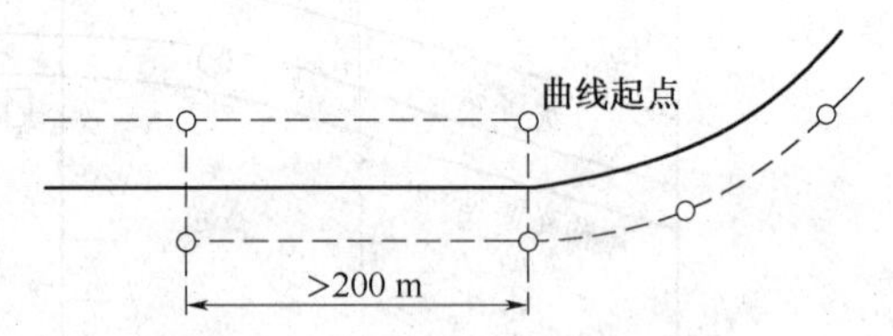

图 9-4　等距平行线法换侧

中线测量可沿线路中线或外移桩进行，也可沿一条钢轨（直线一般沿左轨，曲线沿外轨）中心进行测量。随着测量方法的改变，外移桩用作置镜点的作用已逐渐减少。设置外移距相等的平行于线路的外移桩，形成统一而有规律的标志，便于测设、记录和恢复中线位置，因此在有条件设置外移桩的既有线上仍需按要求设置外移桩。在某些地段（路肩部分用干砌石加宽、加固或隧道密集等）的路肩上设置外移桩有困难时，可在线路中心设桩通过，也可在轨道两侧适合固桩的位置埋设外移距不等的护桩，并详细记录护桩的位置和距离。

2. 中线测量的方法

以往进行既有线中线测量时，既有线的直线测量，是在线路中心（或在外移桩上、或在左轨中心）的转点上置镜，测量桩点间的转向角，测角采用 DJ_2 或 DJ_6 级经纬仪观测一测回；既有线的曲线测量，常用偏角法或矢距法、正矢法施测。随着全站仪的普及应用，现场已在使用坐标法进行线路测量。建立全线统一测量坐标系后，应用坐标法进行中线测量，简便、迅速、精确，坐标法已成为既有线中线测量的主要方法之一。

坐标法测量既有线中线，控制测量的方法及要求与初测导线完全相同。施测既有中线上点位时，通常在直线地段每 50 m、曲线地段每 20 m 采集一中线点，既有曲线的各主点、里程丈量时设置的加标点也均要立棱镜测量。如图 9-5 所示，D_1、D_2、D_3 为导线点，各小短线为既有线上需要测量的中线点。安置仪器于导线点 D_2 上，后视另一导线点 D_1（或 D_3）定向，将小棱镜立在中线点 P 上，仪器照准棱镜，使用全站仪的坐标测量功能，直接获得该中线点的坐标并存储。待中线点坐标全部测出后，传输在计算机上，运用相关软件，可根据各点坐标，直接绘出既有线路的平面现状。

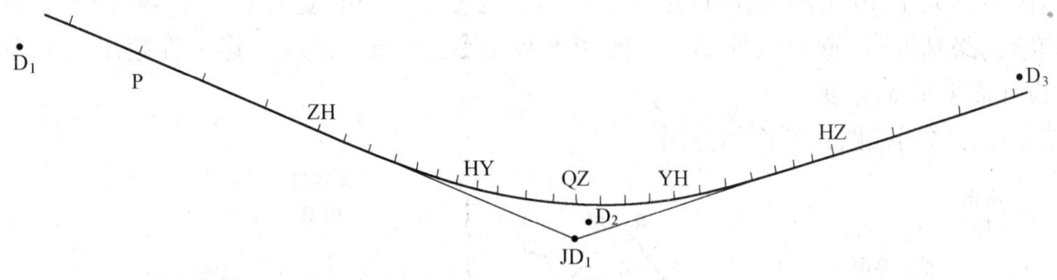

图 9-5 坐标法测量既有线中线

在线路中心置棱镜时，按里程丈量在钢轨上留下的标记，用轨道方尺恢复中心位置，作为对点位置。曲线测量的起点和终点，应设在既有直缓点和缓直点以外 40～80 m 处。

【拓展知识】

一、既有线的高程测量

进行既有线高程测量，首先要测量水准点高程（核对、补测沿线既有水准点），之后对既有线上所有百米标及加标沿轨顶测量高程。

水准点的高程和编号，应以既有线的资料为准，并且要到现场核对、确认，不但里程和位置要相符，注记也要清晰。当水准点遗失、损坏或间距大于 2 km 时，应补设水准点。在大中桥头、隧道洞口、车站等处应增设水准点。补设或增设的水准点，其高程应自邻近的既有水准点引出，并与另一既有水准点联测闭合。

水准点高程测量，通常采用水准测量的方法，一组往返测或两组并测，其高差较差不应超过$\pm 30\sqrt{L}$ mm（L 为单程水准路线长度，以 km 为单位），若闭合差超限，须返工重测。若采用光电测距三角高程测量方法，所用仪器精度不低于 DJ_2 级，测量精度应符合三角高程测量的技术要求。全线水准点的高程应连续测量贯通，与既有水准点高程的闭合差在$\pm 30\sqrt{L}$ mm 以内时采用原有高程，如超过限差并确认个别既有水准点高程有误时，方可更改原有高程。

测量百米标及加标高程，直线地段测左轨轨面，曲线地段测内轨轨面。高程测量路线应起闭于水准点，当闭合差在$\pm 30\sqrt{L}$ mm 以内时，按转点个数平差后推算各标的高程。百米标及加标高程检测限差为±20 mm。

二、既有线的横断面测量

既有线横断面图是线路维修、技术改造时的设计和施工的重要依据，比例尺一般为 1∶200。既有线横断面测量，工作量大，比新线横断面测量要求精度高，其测绘方法与新线的相同。

既有线横断面测量，以既有正线中心为横断面中心线，以既有轨面高程为横断面高程基准，距离、高程取位至厘米。

既有线的百米标、挡墙、护坡、路基病害处、平交道口、隧道洞口、涵管中心及桥台台尾处等，均应测绘横断面图。横断面的测点为既有路基和道床的横向建筑轮廓的转折点，如碴肩、碴脚、路肩、侧沟、平台、挡护墙、边坡坡脚、堑顶、排水沟等处均应测点。

横断面的密度及宽度以满足设计需要为原则。横断面间距，在直线地段不宜大于 50 m，曲线地段不宜大于 40 m，个别设计路基工点一般为 10～20 m，复杂工点为 5～10 m。其宽度一般测绘到路基坡脚、堑顶以外 20 m，或用地界以外 10 m。在改扩建工程超出路基范围一侧，按设计需要确定宽度。

图 9-6 为区间线路横断面示意图。

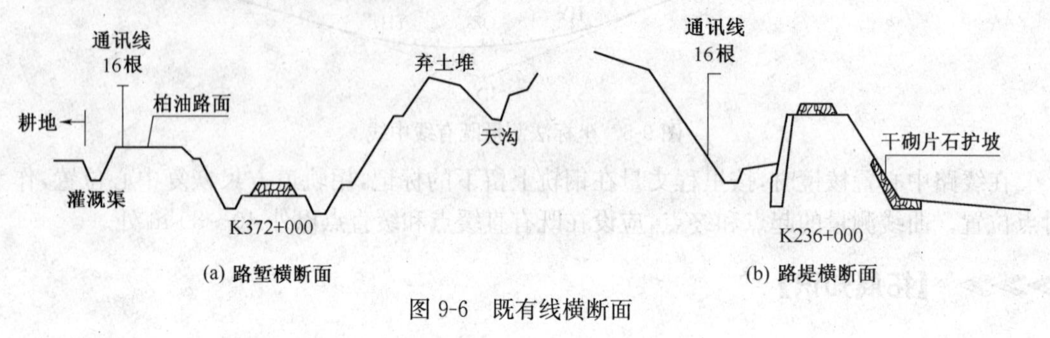

图 9-6　既有线横断面

三、既有线的地形测量

既有线地形测量的方法与新线测图方法相同。地形图比例尺一般为 1∶2 000。原有地形图经核对确认可以利用时可不重测，但宽度不足及地形、地物有明显变化的部分应予以补测。对既有线上及两侧的铁路标志、设备和有关地物等，在地形图上精度达不到要求或显示有困难时应进行调绘。

四、既有曲线整正计算

整正既有曲线是将平面已错动变形的曲线拨正恢复到正确的设计位置。曲线整正计算就是求算曲线平面各点的拨正距离。曲线整正计算的前提条件是曲线两端切线位置固定不动。选定设计曲线半径和缓和曲线长度时，应尽可能使设计曲线与既有曲线最大程度的接近，保证曲线总拨移量最小，同时按线路平面设计的要求，控制拨移量及拨移方向，力争改建工程量最小。

既有曲线整正的方法很多，以往在线路维修中常采用绳正法，在既有线改建、复测及大修时常采用渐伸线法，现今采用坐标法。随着坐标法测量既有线的普及以及计算机软件的广泛应用，在计算机上进行既有线路中线的回归计算，可以求出适合改造要求或拨正距离最小的曲线半径和缓和曲线长度，使得采用坐标法进行曲线整正不仅精度高而且更为简便。

学习情境10　桥梁施工测量

【情境描述】 桥梁是交通线上的重要组成部分。桥梁施工测量是根据桥梁设计图纸和设计数据，利用测量仪器将桥梁的平面位置和高程测设于地面，从而指导桥梁的施工，确保桥梁的平面位置和高程符合设计要求。

一、相关知识

(一)桥梁基本知识

桥梁是交通线跨越河流、池沼、低地、深谷、公路、铁路时而修建的建筑物，是交通线上的重要组成部分。

桥梁主要由上部结构和下部结构组成。如图10-1所示。

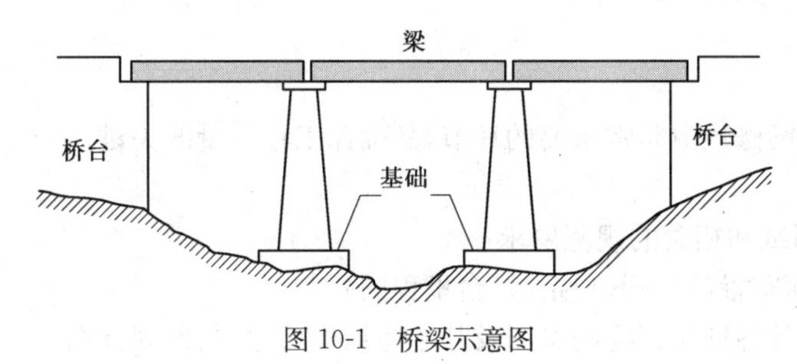

图10-1　桥梁示意图

上部结构是墩、台以上桥垮承重结构、桥面等各部分的总称，也叫做跨越结构或桥跨结构。承重结构是指起承受重力作用的部分。

下部结构包括桥墩、桥台和墩、台下面的基础部分。桥墩是支撑承重结构的支承物，岸边的支承物兼挡墙称作桥台。承受墩台底部压力的土壤或岩石叫做地基。沉井与沉桩统称深基础。

上、下部结构之间保证力的作用位置明确并且连接牢固的支点构造，叫做支座。

桥梁按长度可分为小桥(20 m及以下者)、中桥(20～100 m)、大桥(100～500 m)和特大桥(500 m以上)。

(二)桥梁施工测量的目的

桥梁施工测量的目的是根据设计图纸和设计数据，以控制点为依据，利用测量仪器设备，按一定精度将桥位准确无误的测设在地面上，指导桥梁施工，确保桥梁平面位置和高程符合设计要求。

(三)桥梁施工测量的内容

(1)平面控制测量。

(2)高程控制测量。

(3)施工准备阶段的附属工程(购地、房屋、公路、铁路专用线、电力线路、管路……)的放样和测量。

(4)桥墩、桥台的平面轴线放样和高程放样。

(5)桥梁上部结构施工测量。

(6)定期检测平面控制网、高程控制网的成果。

(7)竣工测量及桥梁墩、台的变形观测。

(四)桥梁施工测量的特点

桥梁施工测量与施工质量及施工进度息息相关。测量人员在桥梁施工前，必须对设计图纸、测量工作的精度有所了解，复核图纸上的尺寸和测量数据，了解桥梁施工的全过程，并掌握施工现场的变动情况，使施工测量工作与施工密切配合。

另外，桥梁施工现场工序繁杂，机械作业频繁，对测量标志及控制点干扰较大，容易造成破坏，因此控制点及测量标志必须埋设稳固，尽量远离施工容易干扰到的位置，并要注意保护、经常检查，如有破坏，及时恢复。

(五)桥梁施工测量的原则

为了保证桥梁施工的平面位置及高程均能符合设计要求，施工测量也要遵循“从整体到局部，先控制后碎步”的原则。即先在施工现场建立统一的平面控制网及高程控制网，然后以此为基础，将桥梁测设到预定的位置。

二、作业准备

施工测量是桥梁修建中非常重要的环节，是确保工程质量的关键。开工之前，应做好如下准备工作：

1. 熟悉设计图纸和相关的规范要求

(1)工地总平面布置设计图(包括墩、台里程图)。

(2)桥梁墩、台及各种建筑物的总图及其主体结构尺寸图、预埋件图。

(3)最新测量规范的相关规定。

(4)技术参考书及实用手册。

2. 仪器设备

开工前，应准备好桥梁施工测量中需要用到的测量仪器和设备。

(1)全站仪及配套棱镜。

(2)水准仪及配套水准尺。

(3)钢尺。

(4)计算机。

(5)计算器。

(6)测钎。

(7)垂球。

除上述专用仪器设备外，还应准备好测量过程中需要用到的线绳、油漆、毛笔、钉子等用具。

开始测量前，应委托专业机构对所用全站仪、水准仪、钢尺等测量仪器工具进行鉴定，确保测量结果准确无误。

此外，为了做好测量工作，客观上要求桥梁建筑的行政和技术领导给予足够的重视。例如支持引进新技术的应用，配置必要的仪器和工具，在工地给予必要的测量条件等等。每个工程测量人员在工作上必须具有高度责任感，互相协作；在业务知识上，必须接受新事物，精益求精，不断学习，以提高工作水平。

三、作业计划与实施

（一）桥址中线复测

1. 中线复测

由于桥梁施工测量的精度要求较高，定测或新线复测后的线路中线精度不一定能够满足其要求，因此，桥梁定位测量前要先对桥梁所在的线路进行中线复测。

当桥梁位于直线上且直线较长时，宜用导线测量的方法进行复测，即在所有转点置镜，测量转折角和各点间的距离。转折角采用方向观测法观测，各项限差应符合规范的规定。

当桥梁位于曲线上时，应对整个曲线进行复测。精确测定曲线的转向角α，根据转向角α以及曲线半径R、缓和曲线长l_0重新计算曲线资料，并测设曲线控制桩。

当复测转向角与定测转向角不符时，按复测转向角计算的曲线综合要素与原设计采用的曲线综合要素也不同，其结果是导致曲线主点里程改变，从而引起桥梁偏角的改变。桥梁施工中应尽量不改变原设计，处理方法为：

（1）当桥梁位于始端缓和曲线时，曲线的 ZH 点里程保持与原设计里程不变；当桥梁位于末端缓和曲线时，曲线的 HZ 点里程保持与原设计里程不变；同时保持各墩台中心设计里程不变。为使 ZH 或 HZ 点里程保持不变，可采用设断链桩或将距离误差调整在直线段的办法来解决。

（2）当桥梁跨越整个曲线时，如果条件许可，即桥梁前后相邻曲线没有施工或无重大建筑物，可以调整切线方向，使转向角恢复到原设计值，以保证桥梁原设计不变。

2. 桥轴线长度测量

为保证桥梁与相邻线路在平面位置上正确衔接，必须在桥址两岸的线路中线上埋设控制桩，两岸控制桩的连线称为桥轴线。桥轴线两岸控制桩之间的水平距离称为桥轴线长度。桥轴线长度可用全站仪测量，测量结果应满足规范要求。

（二）桥梁施工控制测量

桥梁施工控制测量包括平面控制测量和高程控制测量。平面控制测量是建立控制桥梁平面位置的平面控制网，为测设桥梁墩台中心、纵横轴线、支座十字线等结构物平面位置提供可靠的依据。高程控制测量是在两岸建立高精度的高程控制网，为桥梁施工过程中及交付运营前后沉降观测提供可靠的高程基准。桥梁施工控制测量的精度要求较高，桥梁控制精度要求与桥梁长度和墩间最大跨距有关。根据桥梁施工单位的经验统计，一般对于跨越宽度大于500 m 的桥梁，需要建立桥梁施工专用控制网；对于 500 m 以下跨度的桥梁，当勘察阶段控制网的相对中误差不低于 1∶20 000 时，即可利用原有等级控制点，但必须经过复测方能作为桥梁施工控制点使用。

桥梁施工控制网等级的选择，应根据桥梁的结构和设计要求合理确定，并符合有关规范的相关规定。

1. 平面控制测量

建立平面控制网的目的是测定桥轴线长度和据以进行墩、台位置的放样，同时也可用于施工过程中的变形监测。

对于跨越无水河道的直线小桥，桥轴线长度可以直接测定，墩、台位置也可直接利用桥轴线的设计控制点测设，无需建立平面控制网。但跨越有水河道的大型桥梁，墩、台无法直接定位，则必须建立平面控制网。

根据桥梁跨越的河宽及地形条件，常用的平面控制网形式如图 10-2 所示。

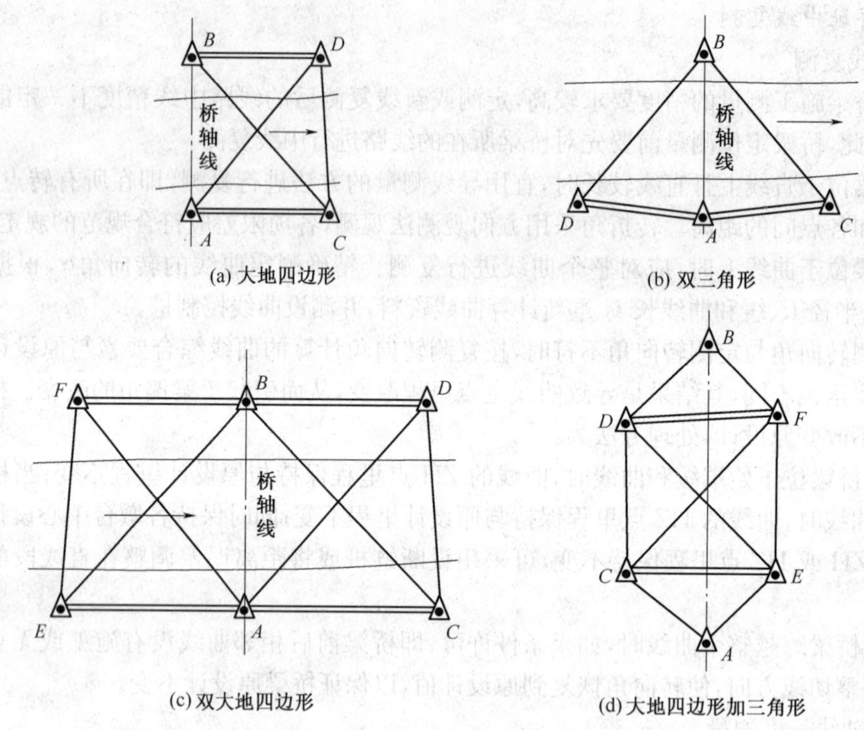

图 10-2　桥梁平面控制网布设形式示意图

桥梁平面控制网选布的注意事项如下：

(1)选择控制点时，应尽可能使桥轴线作为三角网点的一条边，以利于提高桥轴线的精度。如不可能，也应将桥轴线的两个端点纳入网内，以间接求算桥轴线长度。控制网的边长，宜为主桥轴线长度的 50%～150%。基线选在桥轴线两端并与桥轴线接近垂直或小于 90°；基线长度宜约为桥轴线长度的 70%。

(2)当控制网跨越江河时，每岸不少于 3 点，其中轴线上每岸宜布设 2 点。控制点应布设在地质条件稳定，视野开阔，便于交会墩位的地方，且交会角不致太大或太小，应控制在 30°～120°，困难时也不宜小于 25°。

(3)在控制点上要埋设标石及刻有“＋”字的金属中心标志。如果兼作高程控制点用，则中心标志顶部宜做成半球状。

(4)由于桥梁三角网一般都是独立的，没有坐标及方向的约束条件，所以平差时都按自由网处理。它所采用的坐标系，一般是以桥轴线作为 X 轴，而轿轴线始端控制点的里程作为该点的 X 值。这样，桥梁墩台的设计里程即为该点的 X 坐标值，可以便于以后施工队放样的数据计算。

(5)在施工时如因机具、材料等遮挡视线，无法利用主网的控制点进行施工放样，可以根据主网两个以上的点将控制点加密。这些加密点称为插点。插点的观测方法与主网相同，但在平差计算时，主网上点的坐标不得变更。

2. 高程控制测量

在桥梁施工阶段，应建立高程控制网，即在河流两岸建立若干个水准点，为高程放样提供依据。这些水准点除用于施工外，也可作为以后变形观测的高程基准点。

水准点布设的数量视河宽及桥的大小而异。一般小桥可只布设一个；在 200 m 以内的大、中桥，宜在两岸各设一个；当桥长超过 200 m 时，由于两岸联测不便，为了在高程变化时易于检查，则每岸至少设置两个。

水准点是永久性的，必须布置在不受施工干扰的位置，避免施工过程中被破坏。根据地质条件，水准点可采用混凝土标石、钢管标石、管柱标石或钻孔标石，在标石上方嵌以凸出半球状的铜质或不锈钢标志。

为了方便施工，也可在附近设立施工水准点。由于施工水准点使用时间较短，在结构上可以简化，但要求使用方便、相对稳定，而且在施工时不致被破坏。

桥梁水准点与线路水准点应采用统一高程系统。与线路水准点联测的精度不需要很高，当包括引桥在内的桥长小于 500 m 时，可用四等水准联测，大于 500 m 时可用三等水准进行联测。但桥梁本身的施工水准网，则宜用较高精度，因为它直接影响桥梁各部位放样精度。

(三)桥梁墩、台中心测设

在桥梁墩、台施工过程中，首先必须测设出桥梁墩、台的中心位置，基坑开挖、绑扎钢筋、安装模板、浇注混凝土等工作才能顺序进行。墩、台中心的测设数据是根据其设计位置(里程)和控制点的位置(坐标、里程)计算出来的，测设时，可根据具体工程情况采用直接测设法、全站仪极坐标法、交会法等方法。

1. 直线桥墩、台中心测设

如图 10-3 所示，直线桥的墩、台中心都位于桥轴线方向上。墩台中心的设计里程及桥轴线起点的里程是已知的，相邻两点的里程相减即可求得它们之间的距离。根据地形条件，可采用直接测距法或交会法测设出墩、台中心的位置。

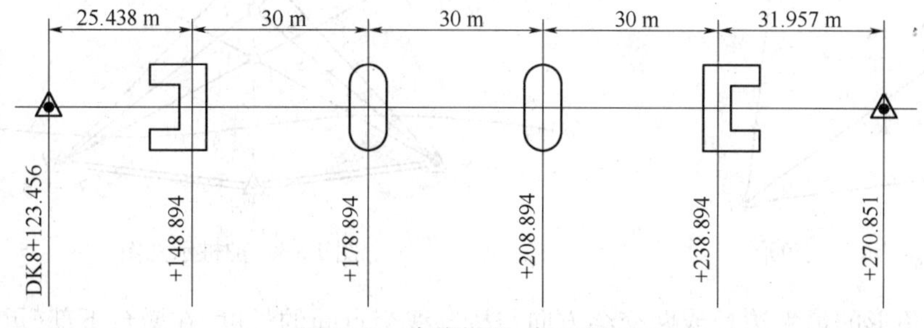

图 10-3　直线桥墩、台示意图

(1)直接测距法

这种方法适用于无水或浅水河道。根据现场实际情况可用检定过的钢尺或全站仪测距。

①钢尺量距

根据计算出的距离，从桥轴线的一个端点开始，用测设已知水平距离的方法逐段测设出墩台中心，并附合于桥轴线的另一个端点上，如误差在限差范围内，则依各段距离的长短按比例调整已测设出的距离。在调整好的位置上钉一小钉，即为桥梁墩、台中心的点位。

②全站仪测距

将全站仪安置在桥轴线起点或终点，照准桥轴线另一个端点，在距离测量模式下，用“放样”功能，根据计算出的桥梁墩、台中心到测站点的距离，逐点测设各墩、台中心的位置。

(2)交会法

当桥墩位于水中，无法丈量距离及安置反射棱镜时，则采用角度交会法。

如图 10-4 所示，A、B 为桥梁轴线，A、B、C、D 为控制点，且 A、B、C、D 点坐标为(x_A, y_A)、(x_B, y_B)、(x_C, y_C)、(x_D, y_D)，P 为桥墩中心位置，坐标为(x_P, y_P)。

首先用坐标反算的方法计算直线 CP、CA、DP、DA 的坐标方位角，然后计算角α、β。

测设时，安置仪器于 C 点，以 A 点为后视点，测设水平角α，同时安置仪器于 D 点，以 A 点为后视点，测设水平角 β，则两方向线的交点即为 P 点的位置。

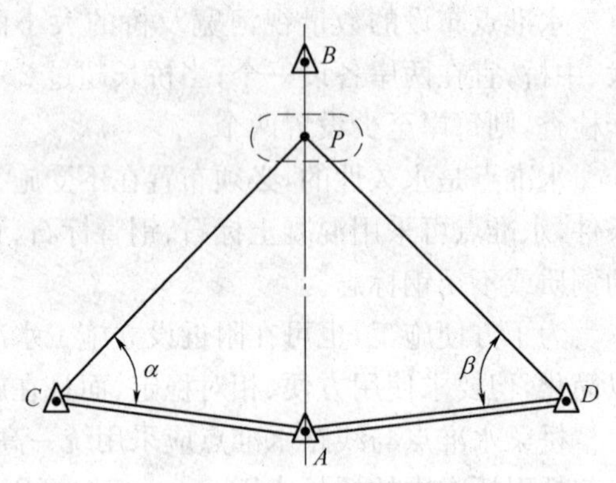

图 10-4　角度交会法测设墩、台中心示意图

此外，还可以直接用坐标方位角进行交会。安置仪器于 C 点，瞄准 A 点，将水平度盘读数设置为直线 CA 的坐标方位角α_{CA}，转动照准部，当水平度盘读数为直线 CP 的坐标方位角 α_{CP}时，视线方向即为 CP 方向。安置仪器于 D 点，用相同的方法可找到 DP 方向，则两方向线的交点即为 P 点位置。

为了检查 P 点的精度和避免出错，同时还利用桥轴线 AB 方向进行交会。由于测量误差的存在，三个方向往往不能交于一点，而形成一个三角形，这个三角形的大小反映交会的精度，称为示误三角形，也叫做误差三角形。如图 10-5 所示阴影部分。

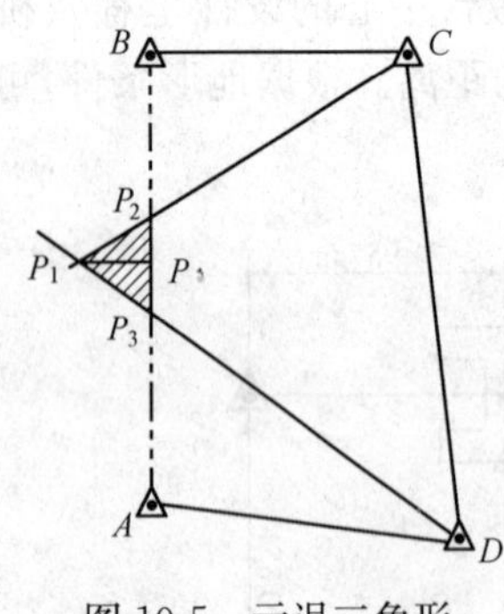

图 10-5　示误三角形

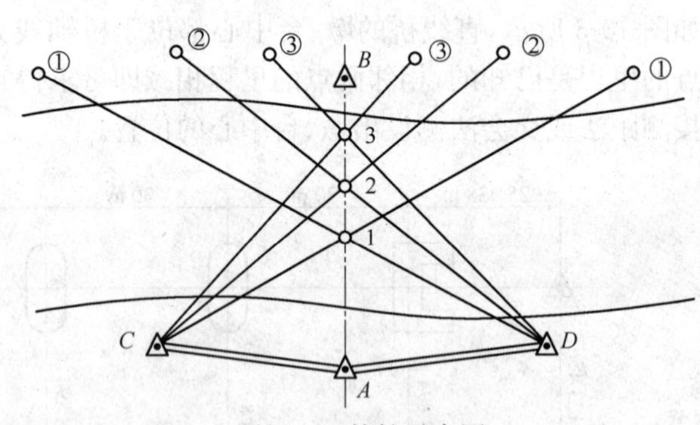

图 10-6　护桩示意图

示误三角形的最大边长或两交会方向与桥轴线交点间的长度，在墩台下部(承台、墩身)不应大于 25 mm，在墩台上部(托盘、顶帽、垫石)不应大于 15 mm。

若交会的一个方向为桥轴线，则以其它两个方向线的交会点 P_1 投影在桥轴线上的 P 点作为桥墩中心。

交会方向中不含桥轴线方向时，示误三角形的边长不应大于 30 mm，并以示误三角形的重心作为桥墩中心。

定出桥梁墩、台中心后，如果条件允许，通常在河流对岸交会方向延长线上设立护桩，如图

10-6 所示。在施工过程中，需要恢复墩、台中心时，直接照准对岸的护桩即可，不需要再用角度进行交会。

2. 曲线桥墩、台中心测设

当桥梁位于曲线上时，每跨梁是直线，而线路中线是曲线，所以桥梁中线与线路中线不重合。曲线桥各梁中线连接而成的折线，称为桥梁工作线。如图 10-7 所示。图中折线 1—2—3—4 即为桥梁工作线。曲线桥墩、台中心一般位于桥梁工作线的交点上，曲线桥墩、台中心定位，就是测设这些交点的位置。

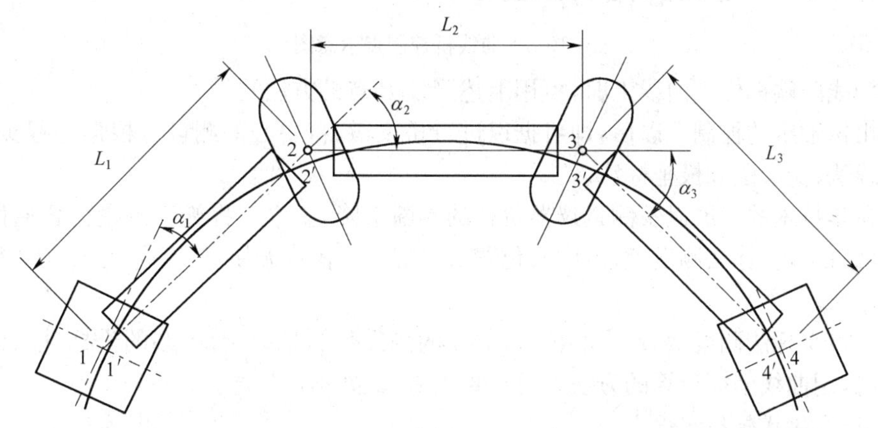

图 10-7 曲线桥桥梁工作线

设计桥梁时，为使列车运行时梁的两侧受力均匀，桥梁工作线应与线路中线基本吻合。所以梁的布置应使工作线的转折点向线路中线外侧移动一段距离 E，这段距离称为桥墩偏距。图 10-7 中，1—1′、2—2′、3—3′即为桥墩偏距。偏距 E 一般是以梁长为弦线的中矢的一半。

相邻梁跨工作线构成的偏角α 称为桥梁偏角。如图 10-7 中α_1、α_2、α_3。

每段折线的长度 L 称为桥墩中心距。如图 10-7 中 L_1、L_2、L_3。

E、α、L 在设计图中都已经给出，根据给出的 E、α、L 即可测设墩位。

测设曲线桥墩、台中心的位置，也要在桥轴线的两端设置控制点，作为桥梁墩、台测设和检核的依据。

控制点在线路中线上的位置，可能一端在直线上，另一端在曲线上，也可能两端都位于曲线上。设置曲线上的桥轴线控制桩时，一般是根据曲线长度，以曲线的切线为 x 轴，按要求的精度用直角坐标法测设。为保证测设桥轴线的精度，必须以更高的精度测量切线的长度，同时也要更精密地测出转向角α。

如图 10-8 所示，当控制桩一端在直线上，另一端在曲线上时，曲线起点 ZH 点以及与其相邻的直线上的转点 ZD_1 的里程都是已知的。以 ZH 点为坐标原点，以过 ZH 点的切线方向为 x 轴，建立直角坐标系。先在切线方向上适当位置设置 A 点，测出 A 点至 ZD_1 点的距离 S_1，则 A 点的里程等于 ZD_1 的里程加上 S_1。在另一端桥台以外线路中线上选择适当里程为 B 点，则 ZH 点到 B 点的曲线长可以由两点的里程相减得到。然后根据曲线长计算 B 点在切线直角坐标系中的坐标(x_B，y_B)。A 点到 ZH 点的距离 S_2 可以由两点的里程相减得到。过 B 点作 x 轴的垂线得垂足 C 点，则 A 点到 C 点的距离为 S_2+x_B。从 A 点出发，沿切线方向按规定的精度要求测设距离 S_2+x_B，得 C 点，再从 C 点出发沿切线的垂线方向测设 y_B，即得 B 点的位置。

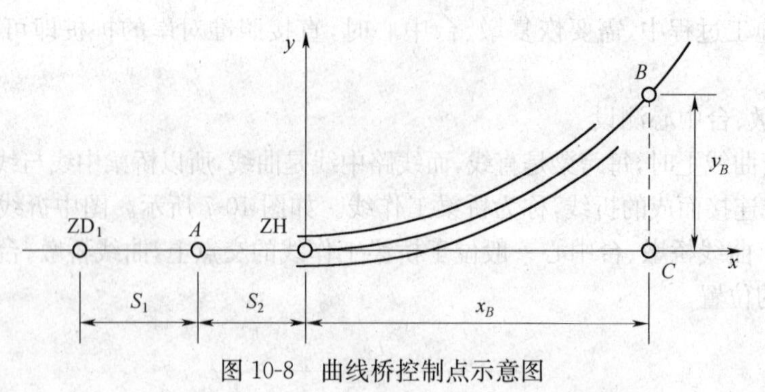

图 10-8　曲线桥控制点示意图

当桥轴线两端都位于曲线上时，可用上述测设 B 点的方法测设。

测设出桥轴线的控制点以后，即可据以进行桥梁墩、台中心的测设。根据工程实际情况，可采用导线法、交会法和极坐标法。

随着科学技术的发展以及测量仪器价格的不断下降，土木工程施工测量已普遍使用全站仪，而用全站仪极坐标法测设墩、台中心位置，计算简单，操作方便，精度高，已成为桥梁施工放样的普遍方法。

全站仪极坐标法测设墩、台中心位置，需要的测设数据是墩、台中心的坐标，墩、台中心位于曲线上时，用曲线坐标计算的方法即可计算出来，此处不再赘述。

（四）墩、台纵横轴线测设

为了进行桥梁墩、台施工的细部放样，需要对其纵、横轴线进行测设。

桥梁墩、台纵轴线是指过墩、台中心平行于线路方向的轴线。横轴线是指过墩、台中心垂直于线路方向的轴线。

直线桥墩、台纵轴线与桥轴线相重合，无须另行测设。测设横轴线时，在墩、台中心架设仪器，自纵轴线方向测设 90°角，即为横轴线方向，如图 10-9 所示。

曲线桥墩、台纵轴线是指过墩、台中心与该点切线方向平行的轴线。是桥梁偏角的角平分线。横轴线是指过墩、台中心与纵轴线垂直的轴线。测设曲线桥墩、台纵轴线时，在墩、台中心安置仪器，瞄准相邻的墩、台中心，测设二分之一的桥梁偏角，即为纵轴线方向，自纵轴线方向测设 90°，即为横轴线方向，如图 10-10 所示。

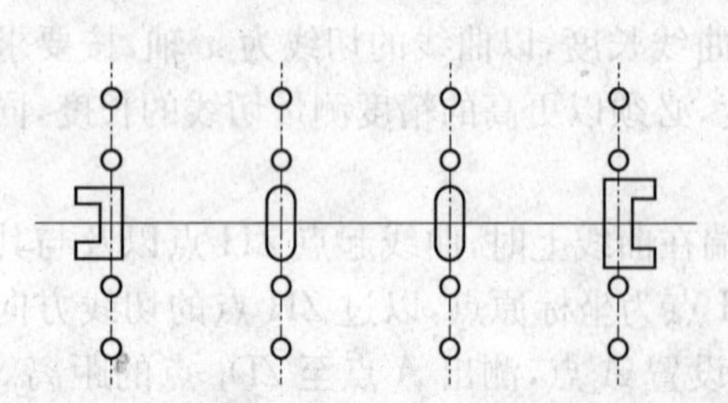

图 10-9　直线桥墩、台轴线及护桩示意图

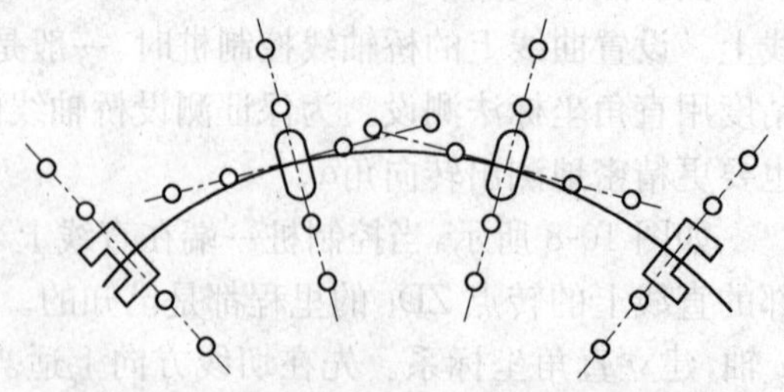

图 10-10　曲线桥墩、台轴线及护桩示意图

在施工过程中，墩、台中心定位桩经常被破坏，但施工中又经常需要恢复，因而就需要在施工范围以外钉设护桩，依此来恢复墩、台中心位置。护桩就是在墩、台纵横轴线上，于两侧不被干扰的位置各钉至少两根木桩。为了防止被破坏，可以多钉几根。曲线桥上的护桩纵横交错，极易混淆，所以需要按墩、台号对护桩进行编号，并注明在木桩上，如图 10-9、10-10 所示。

在水中的桥墩，由于不能架设仪器，也不能钉设护桩，则暂不测设轴线，待筑岛、围堰或沉井露出水面以后，再利用它们钉设护桩，准确地测设出墩台中心及纵横轴线。

（五）基础施工测量

1. 明挖基础施工测量

明挖基础是桥梁墩、台基础常用的一种形式。它就是在墩、台位置处先挖一基坑，将坑底整平，然后在坑内砌筑或灌注混凝土基础及墩、台身。当基础及墩、台身露出地面后，再用土回填基坑。

基坑开挖前，需测设开挖边界线。开挖边界线是根据墩、台纵横轴线、基坑的尺寸、地面坡度、地质情况以及施工所需的工作空间来确定的。

基坑开挖边界线的确定包括无边坡和有边坡两种情况，而根据地面坡度不同又有地面平坦和地面坡度较大两种情况。

(1)无边坡基坑开挖边界线的确定

如果墩、台所在位置地面平坦，而且无须设置开挖边坡，可以直接根据桥梁墩、台纵横轴线、基础尺寸、工作空间大小确定开挖边界线，如图 10-11 所示。开挖边界线距轴线的距离可按下式计算：

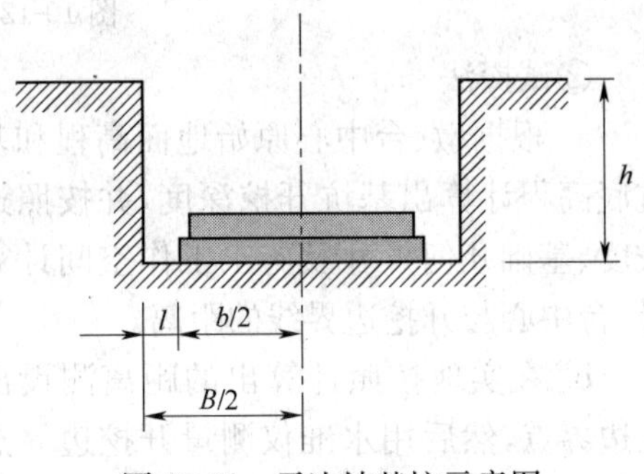

图 10-11 无边坡基坑示意图

$$\frac{B}{2}=l+\frac{b}{2}$$

式中 B——坑底的长度或宽度。

b——基础底边的长度或宽度。

l——预留工作空间，如绑扎钢筋、安装模板时的工作空间。

(2)有边坡、地面平坦时开挖边界线的确定

如果墩、台所在位置地面平坦，但基坑开挖需要设置边坡时，可按照下述方法确定开挖边界线，如图 10-12 所示。

$$D=\frac{B}{2}+h\times m=\frac{b}{2}+h\times m+l$$

式中 B——坑底的长度或宽度。

b——基础底边的长度或宽度。

l——预留工作空间，如绑扎钢筋、安装模板时的工作空间。

h——原地面与坑底的高差。

m——基坑边坡坡度系数的分母。

(3)有边坡、原始地面坡度较大时开挖边界线的确定

当地面坡度较大，且基坑开挖需要设置一定的坡度时，无法直接计算开挖边界线与墩、台轴线间的距离，可以用图解法或试探法来确定开挖边界线。

①图解法

测绘墩、台基坑所在位置断面图，并将基坑按设计绘于断面图上，则地面线与基坑边坡的交点即为开挖边界线的位置，从图上量取 D，即为开挖边界线与墩、台轴线间的距离，如图 10-13 所示。

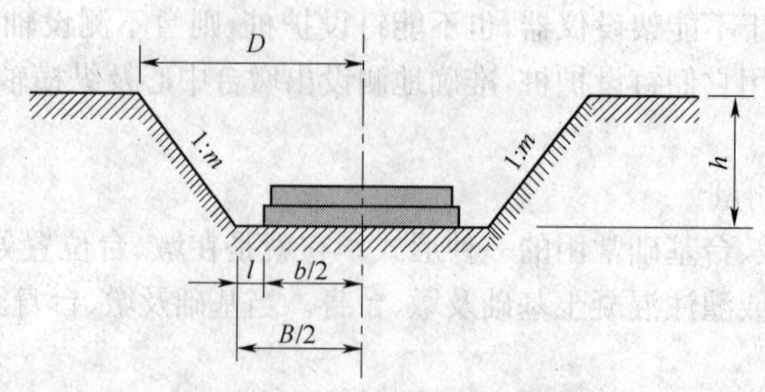

图 10-12　平坦地面有边坡基坑

②试探法

a. 根据墩、台中心原始地面高程和基坑坑底高程计算出基坑开挖深度，并按照边坡坡度、基础几何尺寸及施工工作空间计算出墩、台中心与开挖边界线的距离。

b. 在实地按照计算出的距离测设出开挖边界点，然后用水准仪测量开挖边界点的高程，计算该点与基坑底面的高差，从而计算出该点与墩、台中心的距离；

c. 将计算距离与实测距离进行比较，若计算值大于实测值，则应将其边界点向外移，如计算值小于实测值，则将开挖边界点向内移。

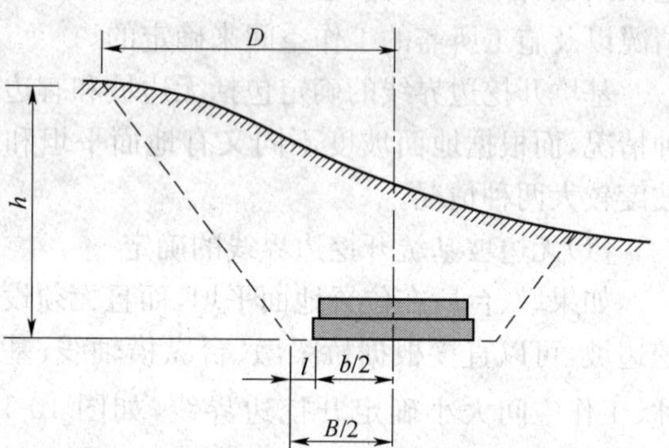

图 10-13　图解法确定基坑开挖边界线

d. 反复进行上述步骤，直到开挖边界点距墩、台中心的计算距离与实测距离相等时，该点即为开挖边界点。

在地面上测设出若干开挖边界点后，根据开挖边界点的位置撒石灰线，即为开挖边界线，该线是基坑开挖的依据。

基坑开挖到一定深度后，应根据水准点高程在坑壁上测设距基底设计面一定高度的水平桩，作为控制挖深的依据，以防止超挖或欠挖，同时作为基础施工中控制高程的依据。

当基坑开挖到设计标高后，将坑底整平，必要时还须夯实，然后投测墩、台轴线并安装模板。进行基础及墩、台身的模板放样时，应将仪器架设在轴线上较远的一个护桩上，以另一个护桩定向，这时仪器的视线方向即为轴线方向。模板安装时，使模板中心线与视线重合即可。当模板的位置在地面下较深时，可以在其基坑两边设两个临时点，用线绳及垂球来指挥模板的安装，如图 10-14 所示。

2. 桩基础施工测量

桩基础是桥梁墩、台基础常用的一种形式，它是在基础的下部打入基桩，在桩群的上部灌注承台，使桩和承台连成一体，再在承台以上修筑墩、台身。

桩基础的测量工作主要有测设桩基础的纵横轴线、测设各桩的中心位置、测定桩的倾斜度和深度、承台模板的放样等。

墩、台纵横轴线即为桩基础的纵横轴线，可按前面所述的方法测设。各桩中心位置的测设则是以桥墩、台纵横轴线为坐标轴，用支距法测设，如图 10-15 所示。

如果全桥采用线路统一测量坐标，则可以计算各桩位的中心坐标，利用全站仪直接在桥位导线控制点上采用极坐标法放样出各桩中心位置。在桩基础灌注完成后，对每个桩的中心位置应进行测定，作为竣工资料。

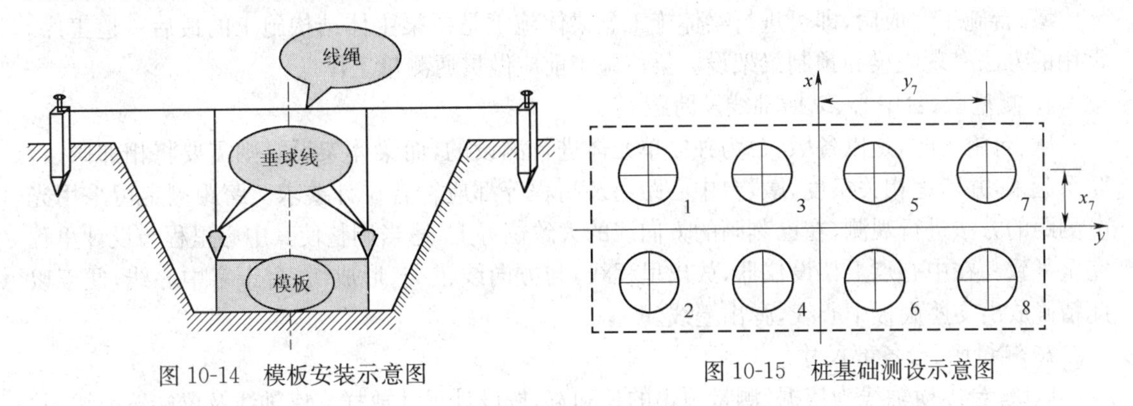

图 10-14　模板安装示意图　　　　图 10-15　桩基础测设示意图

钻孔桩或挖孔桩的深度用一定重量的重锤和校验过的测绳测定。在钻孔过程中测定钻孔导杆的倾斜度，用以测定孔的倾斜度，并利用钻机上的调整设备进行校正，使孔的倾斜度不超过施工规范要求。

桩基础承台模板的测设方法与明挖基础相同。

(六)墩、台身施工测量

墩、台身施工测量，包括墩、台身平面位置放样和高程放样。

1. 墩、台身平面位置放样

墩、台身平面位置放样是以墩、台纵横轴线为依据，进行墩、台身的细部放样。墩、台分层施工时，应在每一层顶面上测设出墩、台身的中心位置及纵横轴线，并根据纵横轴线及中心位置用墨斗弹出立模边线，作为下一层立模的依据。立模时，在模板外侧需先画出墩、台中心线，然后在纵横轴线的护桩上架设仪器，照准该轴线上另一护桩，用该方向线调整模板的位置。模板安装最后阶段，应用仪器检查各角点的坐标，并与各角点的设计坐标进行比较，用以指导模板的最终就位。

2. 墩、台身高程放样

墩、台身高程放样，通常在墩、台附近设立一个施工水准点，根据这个水准点用测设已知高程的方法测设墩、台身各部分的设计高程。在基础底部以及墩、台的上部，由于高差过大，不能用水准尺传递高程，可用吊钢尺或三角高程测量的方法进行高程测设。

(七)墩、台顶部施工测量

当墩台砌筑至离顶帽底约 30～50 cm 时，应恢复墩、台的纵横轴线。由于墩、台身浇注以后，视线受阻，无法利用墩、台两侧的护桩恢复轴线，所以，在墩、台身尚未阻挡视线之前，将轴线用红油漆标记在已浇注的墩身上，以后恢复轴线时，将仪器架设在护桩上，照准这个方向标志点即可。然后根据纵横轴线支立墩、台帽模板，安装锚栓孔、钢筋。并根据设计图纸所给的数据，从纵横轴线放出预埋支座垫石钢筋位置。为确保顶帽中心位置、预埋件位置的正确，在浇筑混凝土之前，应再进行一次复核。

如果施工单位有全站仪，也可将预埋件位置直接放样在已绑好的钢筋骨架上。此时应根据设计图纸及有关资料计算预埋件的坐标，作为全站仪坐标放样的测设数据。

支座垫石是墩、台帽上的高出部分，供支承梁端使用。支座垫石的平面位置应按照图纸设计数据利用纵横轴线测设。支座垫石顶面高程应用相应等级的水准测量方法进行，同一片梁一端两支座垫石顶面高差不应超过规范规定的数值。

（八）桥梁贯通测量

墩、台施工完成后，即可进行梁体施工。梁体施工是桥梁主体结构施工的最后一道工序，常用的方法有现浇梁和预制梁架设。梁体施工前应做贯通测量工作。

1. 测量墩、台中心、纵横轴线及跨距

墩、台施工时，是以各墩、台为独立单元体进行测设的，而梁体架设时则需要将相邻墩、台联系起来，并考虑相关精度，墩、台中心距离及高程等都应符合设计要求。跨距测定可采用光电测距的方法进行观测，在已刻画的方向线的大致位置上，适当调整使其中心里程与设计里程完全一致。在中心点上架设仪器，放出里程线，与方向线正交，形成墩、台十字中心线，便于以此精确放出支座底板中心线，弹出墨线。

2. 测量墩、台各部尺寸

以墩、台纵横轴线为依据，测量顶帽的长和宽，按设计尺寸放样支座轴线及梁端轮廓线，并弹出墨线，供支座安装和架梁使用。

3. 测量墩帽和支座垫石的高程

如果运营期间要对墩、台进行变形观测，则应对两岸水准点及各墩顶的水准标志以不低于三等水准测量的精度联测。

（九）桥梁竣工测量

桥梁竣工后，为检查墩、台各部尺寸、平面位置及高程正确与否，并为竣工资料提供数据，需要进行竣工测量，它是工程施工的一个重要环节。竣工测量的主要工作有线路中线测量、高程测量和横断面测量。

1. 测定桥梁中线、测量跨距

架梁前测设出桥墩中心，用检定过的钢尺测量其跨距，在条件方便的情况下也可采用测距仪或全站仪进行测定。梁体施工完成后，测设出桥梁中线，依据中线用钢尺测量桥面宽度是否满足其精度要求，并测量其轴线偏位是否符合相关精度要求。

2. 检查各部尺寸

用检定过的钢尺测量墩、台各部位尺寸。各部位尺寸应符合相应规范标准，对不符合的部位，能补救的应及时进行补救。

3. 检查墩帽或盖梁及支座垫石高程

在墩帽及支座垫石浇注完成后，将水准点引至墩帽或盖梁顶，将水准仪架设在墩帽顶对墩帽及支座垫石标高进行复核，以便架梁后的标高符合设计规范要求。

4. 测定桥面高程、坡度及平整度

这项工作在竣工测量中至关重要。桥面高程，坡度不符合要求，将会使雨水无法排泄；平整度差，将会造成积水，使其桥面提前被破坏。

【拓展知识】

一、曲线桥墩、台中心测设的常用方法

1. 导线法

在墩、台中心处可以架设仪器时，可采用此种方法。

从某一控制点开始，逐一测设出角度及距离，即直接定出各墩、台中心位置，最后再复核到另外一个控制点上，以检核测设精度，这种方法叫导线法。

2. 长弦偏角法

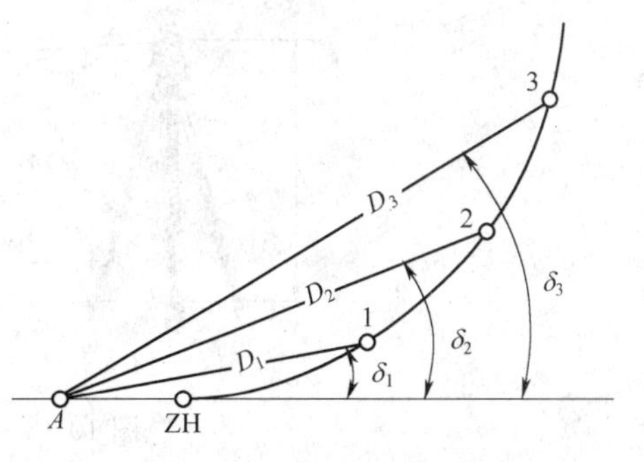

图 10-16　长弦偏角法测设墩、台中心

如图 10-16 所示，计算各墩、台中心在控制网坐标系中的坐标，然后根据坐标反算原理计算墩、台中心到控制点 A 的水平距离 D_i 及各点偏角 δ_i。测设时，安置仪器于控制点 A，自切线方向开始测设 δ_i，再在此方向上测设出距离 D_i，即得墩、台中心的位置。此种方法的优点是各点独立测设，误差没有累计。缺点是在某一点发生错误或误差较大时不易发现，所以需要测量墩、台中心距进行检核。

3. 交会法

当墩、台位于水中时，无法架设仪器，宜采用交会法。

用交会法测设曲线桥墩、台中心，是利用控制网点交会墩位，故墩位坐标必须与控制点的坐标系一致，才能进行交会数据的计算。如果两者不一致时，则须先进行坐标转换。测设方法与直线放样交会法基本相同，不同之处是在轴线上架设仪器时，要算出其交角，也就是导线法中所计算的偏角。

4. 极坐标法

已知地面两控制点及其坐标，利用角度和距离测设已知坐标的待测设点，称为极坐标法。

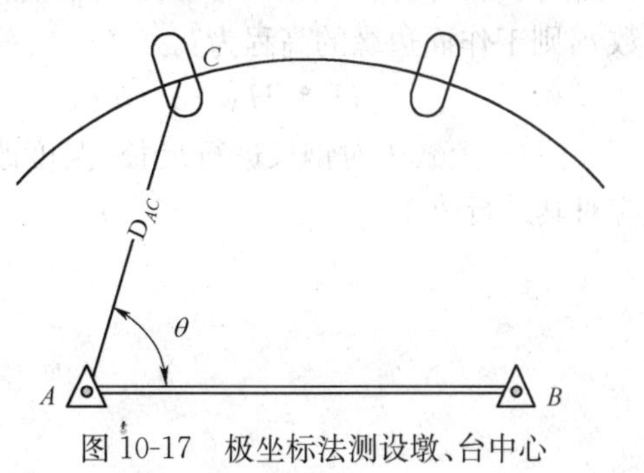

图 10-17　极坐标法测设墩、台中心

如图 10-17 所示。已知桥位控制网中的控制点 $A(x_A, y_A)$、$B(x_B, y_B)$，桥墩中心设计位置 $C(x_C, y_C)$。安置仪器于 A 点，以 B 点为后视点，测设 C 点实地位置。

首先利用坐标反算的方法计算直线 AB、AC 的坐标方位角 α_{AB}、α_{AC} 以及直线 AC 的长度 D_{AC}。则直线 AB、AC 的夹角 $\theta=\alpha_{AB}-\alpha_{AC}$。注意，求两条直线夹角时，应根据实际情况绘图确定所需要的是哪个角。

测设时，安置仪器于 A 点，瞄准 B 点，用测设已知水平角的方法测设水平角 θ，然后在视线方向上用测设已知水平距离的方法测设水平距离 D_{AC}，打桩钉小钉，即得桥墩中心位置 C 点。

二、桥梁墩、台高程测设的常用方法

1. 三角高程

现阶段全站仪已经在土木工程测量中普遍应用，而在全站仪距离测量模式下即可测量两点间的高差。测量前，应将温度、气压、棱镜常数等输入全站仪。

如图 10-18 所示，全站仪距离测量功能中“VD”为全站仪横轴中心与棱镜中心之间的高差。所以，AB 两点间的高差为：

$$h_{AB}=\mathrm{VD}+i-v$$

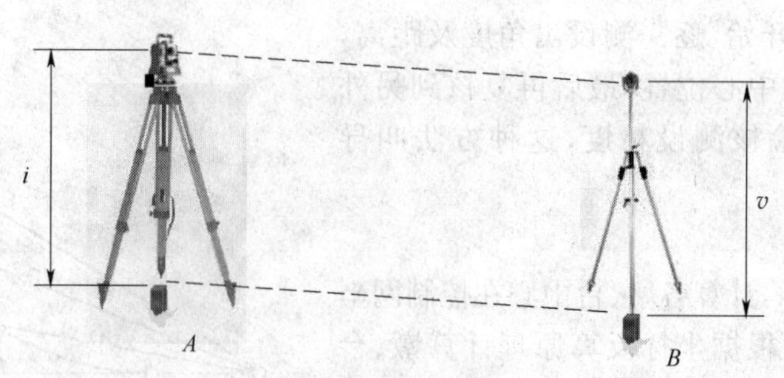

图 10-18　全站仪测量两点间高差

式中　i——仪器高,即全站仪横轴中心到桩顶之间的铅垂距离。

v——棱镜高,即棱镜中心到对中杆尖端的距离,可直接从对中杆的刻度读出。

若 $i=v$,则 $h_{AB}=\text{VD}$。

2. 吊钢尺

当桥墩施工到一定高度时,水准测量就无法将高程传递至工作面,而工作面上架设棱镜又不方便时,可用检定过的钢尺进行测量。

如图 10-19 所示,在工作面边缘固定一根水平尺,并使之水平,用钢尺零刻度朝下,并悬挂一定质量的重物,使钢尺静止时处于铅锤位置。在水准点上立水准尺,在水准点与桥墩中间适当位置安置水准仪,读取水准点上水准尺读数 a、钢尺 b,在工作面边缘读取钢尺读数 c,则工作面边缘的高程为:

$$H_6=H_A+a-b+c$$

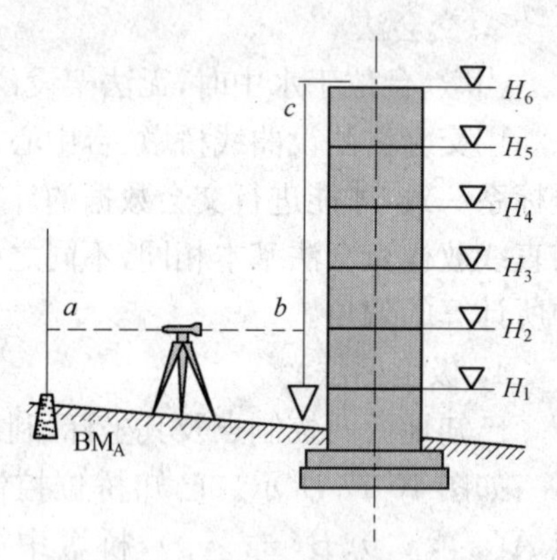

图 10-19　吊钢尺测量墩、台高程

注意,上式未对钢尺进行尺长、温度改正,在计算时应对其进行改正。

学习情境11　隧道施工测量

【情境描述】 隧道是交通线上的重要组成部分,是国家重要的基础设施。隧道施工测量的主要任务,是保证隧道相向开挖的工作面按照规定的精度在预定位置贯通,并使各项建筑物以规定的精度按照设计位置和尺寸修建。

一、相关知识

(一)隧道基本知识

隧道是埋置于地层中的工程建筑物,是人类利用地下空间的一种形式。

隧道的种类繁多,按照隧道的用途可分为以下几种:

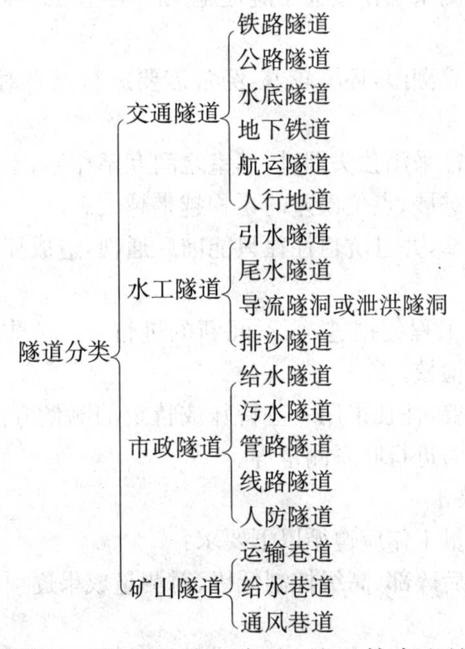

隧道施工是指修建隧道及地下洞室的施工方法、施工技术和施工管理的总称。根据隧道穿越地层的不同情况,隧道施工方法可分为以下几种:

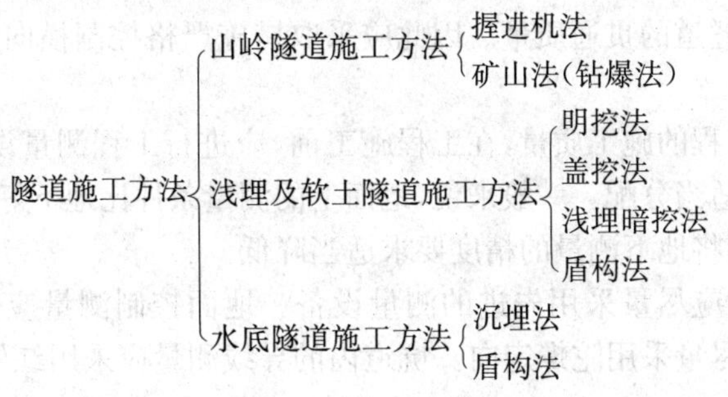

隧道施工过程主要包括:在地层内挖出土石,形成符合设计断面的坑道,进行必要的支护和衬砌,控制坑道围岩变形,保证隧道施工安全和长期安全使用。在这个过程中,每一步都离不开测量工作。

(二)隧道施工测量的目的

隧道施工测量的目的是保证隧道相向开挖后,两端施工中线在贯通处能够按照设计规定的精度正确地衔接,并保证各结构物及隧道净空在施工过程中及竣工后,以规定的精度按照设计位置修建,不使侵入限界。

(三)隧道施工测量的主要内容

(1)洞外控制测量。

(2)进洞测量。

(3)洞内控制测量。

(4)洞内施工测量。

(5)竣工测量。

(四)隧道施工测量的特点

隧道是一种地下工程,测量工作贯穿于隧道施工的全过程。与地面工程测量相比,地下工程测量具有以下特点:

(1)地下工程施工面黑暗潮湿,环境较差,经常需要进行点下对中,有时边长较短,因此测量精度难以提高。

(2)地下工程的坑道往往采用独头掘进,洞室之间互不相通,不便组织校核,出现错误不能及时发现,而且随着坑道的进展,点位误差的累积越来越大。

(3)地下工程施工面狭窄,并且坑道往往只能前后通视,造成控制测量形式比较单一,仅适合布设导线。

(4)测量工作随着坑道工程的掘进,而不间断的进行。一般先以低等级导线指示坑道掘进,而后布设高级导线进行检核。

(5)由于地下工程的需要,往往采用一些特殊或特定的测量方法和仪器,如为保证地下和地面采用统一的坐标系统,需进行联系测量等。

(五)隧道施工测量的要求

在隧道施工过程中,测量工作应遵循以下要求:

(1)应严格按照先控制后碎部、高级控制低级、对测量成果逐项检核,测量精度必须满足规范要求等原则进行。

(2)在隧道施工中,两个相向开挖的工作面的施工中线往往因测量误差产生贯通误差(分为纵向、横向和高程贯通误差)。对于隧道而言,纵向误差不会影响隧道的贯通质量,而横向误差和高程误差将影响隧道的贯通质量。因此应采取措施严格控制横向误差和高程误差,以保证工程质量。

(3)为保证地下工程的施工质量,在工程施工前,应进行工程测量误差预计。预计中应将容许的竣工误差加以适当分配。一般来说,地面上的测量条件比地下好,故对地面控制测量的精度应要求高一些,而将地下测量的精度要求适当降低。

(4)在地下工程中应尽量采用先进的测量设备。地面控制测量应采用 GPS 测量技术进行。平面联系测量应尽量采用陀螺定向。坑道内的导线测量应采用红外测距仪测距以加大导线边长，减少导线点数。为限制测角误差的传递，当导线前进一定距离后应使用高精度陀螺经纬仪加测陀螺定向边。

(六)隧道施工测量的方法

1. 现场标定法

不进行控制测量而直接进行施工测量，称为现场标定法。

(1)直线隧道

如图 11-1 所示，设 A、D 二点为隧道中线在洞口处的已知点(定测时已定出)，这两点之间不能直接通视，所以需要在 A、D 之间定出 B、C 两点，作为向洞内引线的依据。具体做法如下：

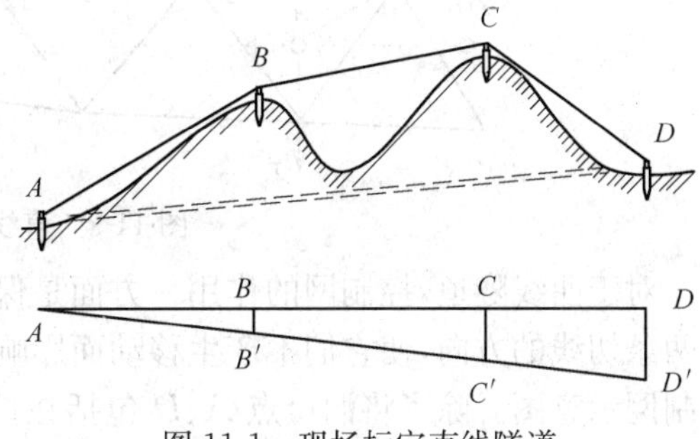

图 11-1 现场标定直线隧道

根据设计图纸计算 AD 连线的方位角，按此方位角用仪器以正倒镜分中法延长至 B'、C'、D'，其中，任意相邻两点必须通视。测量 DD' 间的距离，并测量 AB'、$B'C'$、$C'D'$ 的距离(或在图上量得)。则 C' 点的偏距为：

$$CC'=\frac{DD'}{AD'}\times AC'$$

B' 点的偏距为：

$$BB'=\frac{DD'}{AD'}\times AB'$$

将 B'、C' 点按图示方向移动 $B'B$、$C'C$，得 B、C 点。

安置仪器于 C 点，后视 D 点，延长直线到 A 点，以检查 A、B、C、D 是否位于同一条直线上，若误差在允许范围内，则在地面上标定 B、C 二点，作为向洞内引线的依据。

(2)曲线隧道

按照隧道施工的要求，用曲线测设的方法，每隔一定间距测设一点，将隧道中线在地面上标定出来，然后精确测定在地面上标定出来的各点间的距离和角度，作为在地下施工时测设隧道中线的依据。

现场标定法的优点在于可以不建立地面与地下的控制网，测量和计算工作比较简单。但其缺点也是很严重的。因为隧道都位于山岭地区，地面起伏大，障碍物多，不论是放样工作还是测量工作，采用这种方法都很困难，且不易达到较高的精度，这对于保证地下工程开挖的正确贯通是非常不利的。因此，这种方法只适用于比较短的隧道。

2. 解析法

采用严格的地面和地下控制测量以精确地进行施工放样，称为解析法。

应用解析法时，首先建立控制网，并将隧道中线上的主要点包括在网内，用解析法计算出与控制网坐标系统一的隧道中线及洞内外建筑物的坐标，这样在隧道开挖过程中，就可以依据控制网，测设隧道中线及各细部位置。

隧道是整个线路工程的一部分，所以在线路定测阶段，已经将隧道两端洞口的位置确定下来，并用标桩固定在地面上。图 11-2 所示为直线隧道控制网示意图。图中，A、D 为隧道两端的洞口点，它们的位置是利用线路上的直线转点 ZD_1、ZD_2、ZD_3 用正倒镜分中法测设出来的。

直线隧道的方向，根据 A、D 两点来确定。因此，在建立洞外控制网时，必须将它们作为控制点，如果因为地形限制或其他原因，不能将它们作为首级控制点，也要用插点的方法测定它们的位置。这样，就可以根据控制点的坐标，求得在两端洞口处进洞拨角的数值，用以在施工时指导进洞的方向。

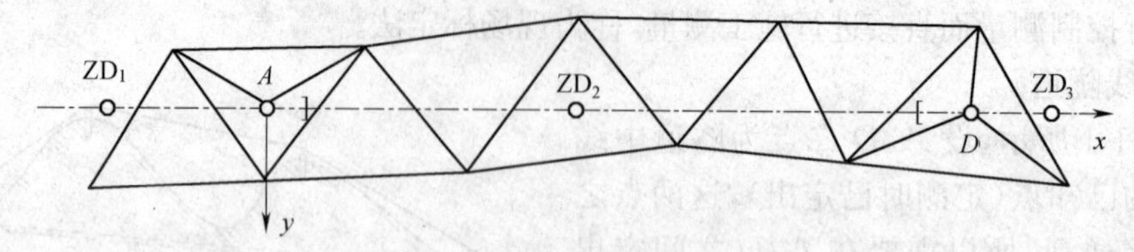

图 11-2　直线隧道洞外控制网

对于曲线隧道，控制网的作用一方面是保证隧道本身的正确贯通，另一方面是控制隧道前后两条切线的方向，使它们不产生移动而影响前后直线线路的位置。图 11-3 所示为曲线隧道控制网示意图。除了将洞口点 A、D 包括在控制网中，还应将两切线上的点 ZD_1、ZY、ZD_3 也包括在控制网内，这样就可以精确地测定两条切线的交角，并以该角为准，精确地确定曲线元素，以保证在地下开挖中放样数据的正确性。

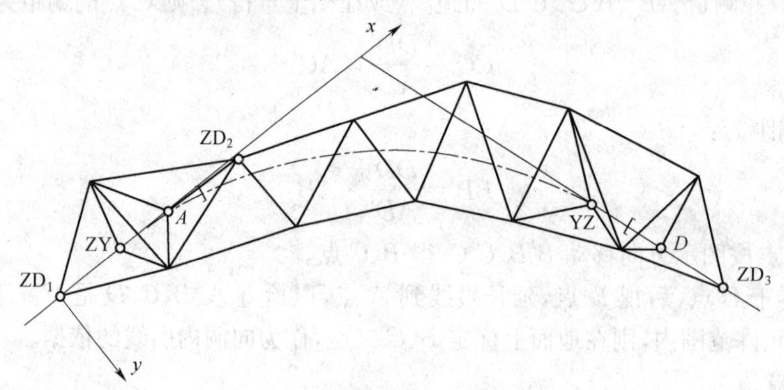

图 11-3　曲线隧道洞外控制网

由此可见，应用解析法进行放样时，隧道中线上各点的坐标都是根据地面控制网的坐标系统计算的。根据施工的进展，将地面上的坐标系统通过洞口、竖井或斜井传递到地下，在地下坑道中再用导线测量方法建立地下控制系统。隧道中线上各点的位置以及地下其它各种建筑物的位置，都根据地下控制点以及由它们的坐标所算得的放样数据进行放样。应用这种放样方法时，由于地面和地下控制网可以控制误差的累积，从而保证贯通精度，对于大型地下工程建设，能够得到良好的效果。因此，解析法是地下工程建设中比较可靠的和广泛采用的放样方法。

二、作业准备

施工测量是隧道施工中非常重要的环节，是确保工程质量的重要关键。开工之前，应做好如下准备工作：

1. 熟悉设计图纸和相关的规范要求

(1)隧道设计图

(2)最新测量规范的相关规定

(3)技术参考书及实用手册

2. 根据隧道开挖方法制定测量方案

3. 仪器设备

开工前,应准备好隧道施工测量中需要用到的测量仪器和设备。

(1)GPS接收机。

(2)全站仪及配套棱镜。

(3)水准仪及配套水准尺。

(4)钢尺。

(5)计算机。

(6)计算器。

(7)测钎。

(8)垂球。

除上述专用仪器设备外,还应准备好测量过程中需要用到的线绳、油漆、毛笔、钉子等用具。

开始测量前,应委托专业机构对所用全站仪、水准仪、钢尺等测量仪器进行鉴定,确保测量结果准确无误。

此外,为了做好测量工作,客观上要求隧道建筑的行政和技术领导,应给予足够的重视,例如支持引进新技术的应用,配置必要的仪器和工具,在工地给予必要的测量条件等等。每个工程测量人员在工作上必须具有高度责任感,互相协作;在业务知识上,必须接受新事物,精益求精,不断学习,以提高工作水平。

三、作业计划与实施

(一)隧道洞外控制测量

隧道的设计位置,一般在定测时已初步标定在地面上。在施工之前必须进行复测,检查并确认各洞口的中线控制桩。

由于定测时的精度满足不了隧道贯通精度的要求,所以在施工之前要进行洞外控制测量。洞外控制测量主要包括平面控制测量和高程控制测量两部分。

隧道洞外控制测量的目的,是在各开挖洞口之间建立精密的控制网,按照测量设计规定的方案和精度,测定各控制点的相对位置,作为引导进洞和测设洞内中线及高程的依据,保证隧道准确贯通。

当隧道位于直线上时,两端洞口应各确定一个中线控制桩,以两桩连线作为隧道洞内的中线;当隧道位于曲线上时,应在两端洞口的切线上各确认两个控制桩(两桩间距不宜过短),以该控制桩所形成的两条切线的交角和曲线要素为准,来测定洞内中线的位置。

建立洞外施工控制网时,应将两端洞口已确认的平面控制桩及选定的高程控制桩纳入相应的控制网中。隧道洞外控制测量应在隧道开始施工前完成。

1. 洞外控制网布设方法

(1) 收集资料

布设隧道洞外控制网之前,需要收集有关的资料。需要收集的资料包括:隧道所在地区的大比例尺(1∶2 000～1∶5 000)地形图,隧道所在地段的线路平面图,隧道的纵横断面图,各竖井、斜井或水平坑道和隧道的相互关系位置图，隧道施工的技术设计以及各个洞口的机械、房屋布置的总平面图等；勘测单位过去所完成的测量资料或已做过的地面控制资料；隧道地区的气象、水文，地质以及交通运输等方面的资料。

(2)现场踏勘与交桩

为了进一步判定已有资料的正确性和了解实地情况，必须对隧道所穿越的地区进行详细踏勘。一般是沿着隧道线路的中线，从一端洞口向着另一端洞口方向前进，观察和了解隧道两侧的地形、水源、居民点以及人行便道的分布情况。在踏勘时，应特别注意两端洞口线路的走向、地形与施工设施的布置情况。沿隧道中线踏勘的过程，也是原勘测设计人员向负责隧道施工测量的人员进行现场交桩的过程。应在现场逐个地将原勘测单位所标定的线路桩点，按其里程、点的位置和性质等进行交接，并填写交接单。如果隧道有一部分位于曲线上，应特别注意曲线主点桩的交接，即使没有主点桩，也应强调曲线的两条切线上至少各有两个切线点，以便精测曲线要素。

(3)选点布网

根据设计院定测时所确定的线路位置以及隧道的进出口、斜井与平洞等的标桩位置，结合现场踏勘选点的结果进行选点布网，选定平面控制网的布设方案。隧道的各个洞口(包括辅助坑道口)，均应布设两个以上且相互通视的控制点和两个水准点，作为洞内测量的起测依据。对于桥隧紧密相连或隧道紧密相连的情况，要布设统一的控制网，以利于线路中线的正确连接。洞口投点应便于施工中线的放样，便于联测洞外控制点及向洞内测设导线。向洞内传递方位的定向边长度不宜小于 300 m。投点桩位的高程要适当，埋设必须稳固可靠，以利长期使用和保存。如施工中受到变动或破坏，则应按原测精度予以恢复或另行移设。洞口水准点应布设在洞口附近土质坚实、通视良好，施测方便、便于保存且高程适宜之处。每个洞口的两个水准点间的高差，以安置一次水准仪即可联测为宜。

洞口控制点、水准点应尽量埋设混凝土金属标志、或在基岩上打钢钉，也可以利用基岩或稳固的基石刻凿，但必须刻画清楚，利于长久保存。隧道过渡点设木桩小钉即可。

选择布设哪种控制网，应根据各单位所拥有的仪器情况、隧道横向贯通误差要求的大小、隧道线路通过地区的地形情况以及建网费用等方面进行综合考虑，对于投资较大和较长的隧道，还应设计多种方案并进行优化设计。

2. 洞外平面控制测量

洞外平面控制测量常用的方法有中线法、精密导线法、三角测量和 GPS 测量等。

随着科学技术的发展，测量技术飞速发展，测量仪器的价格不断下降，GPS 测量技术广泛应用于国民经济的各个领域。在土木工程测量中，相对于经纬仪、全站仪等常规测量仪器，GPS 具有定位精度高、观测速度快、自动化程度高、全天候作业、经济效益高等优点，在隧道洞外平面控制测量中，其优点尤为显著，所以，隧道洞外控制测量应首选 GPS 测量方法。

布设 GPS 网点时，应遵循以下要求：

(1)应便于安置接收设备和操作，视野开阔，视场内障碍物的高度角不宜超过 15°。

(2)远离大功率无线电发射源(如电视台、电台、微波站等)，其距离不小于 200 m，远离高压输电线和微波无线电信号传输通道，其距离不应小于 50 m。

(3)附近不应有强烈反射卫星信号的物体。

(4)交通方便,并有利于其他测量手段扩展和联测。

(5)地面基础稳定,易于标石的长期保存。

(6)充分利用符合要求的已有控制点。

(7)选站时应尽可能使测站附近的局部环境(地形、地貌、植被等)与周围的大环境保持一致,以减少气象元素的代表性误差。

此外,还应按规范要求填写点之记和绘制测站环视图,说明交通情况以便于作业调度。

布设隧道平面控制网时,应在隧道各开挖洞口附近布设不少于三个的控制点(含洞口投点)。布设洞口控制点时,应考虑便于用常规方法进行检测、加密或恢复,洞口投点与后视定向点(至少两个)间应相互通视,距离不宜小于300 m,且高差不宜过大。

GPS网点选定后,应按规范要求埋设标石。

测量人员根据测区地形、交通状况、GPS接收机数量、采用的GPS作业方法和设计的基线最短观测时间等因素综合考虑,编制观测计划表。按该表进行观测,并及时做出必要的调整。

外业观测成果应采用经业务部门批准的数据处理软件进行处理,获取控制点的坐标。

3. 洞外高程控制测量

隧道洞外高程控制测量是按照设计精度施测各开挖洞口附近水准点之间的高差,以便将整个隧道的统一高程系统引入洞内,提供隧道施工的高程依据,保证隧道在高程方向按规定的精度正确贯通,并使隧道各附属工程按要求的高程正确修建。

洞外高程控制测量常采用水准测量方法。水准测量的等级,取决于隧道长度和隧道地段的地形情况。当山势陡峻采用水准测量困难时,亦可采用光电测距三角高程测量的方法进行。

水准路线应选择连接各洞口最平坦和最短的线路,以达到设站少、观测快、精度高的要求。高程控制点应选在不受施工干扰、稳定可靠和便于引测进洞的地方。每一洞口(包括正洞进出口、横洞、竖井等)附近均应埋设两个以上水准点,以相互检核。两水准点的位置,以安置一次仪器即可联测为宜,方便引测并避开施工的干扰。

高程控制测量的精度要求,应满足相应的规范要求。

(二)洞门仰坡放样

隧道洞门仰坡放样,应首先研究设计文件及有关定型图,了解洞门形式、边坡坡度、洞门主墙里程等有关数据。

隧道洞门仰坡的放样和路堑边坡放样的方法基本相同。

隧道洞门仰坡与路堑边坡的连接形式有方角式和圆角式两种。

1. 方角式仰坡放样

图11-4所示为斜交洞门示意图。方角式仰坡放样,主要是确定仰坡与边坡的交线AB和CD。为此,就须确定交线AB和CD与路线中线方向的水平夹角φ和θ值以及两交线的坡度$1:M$和$1:N$。

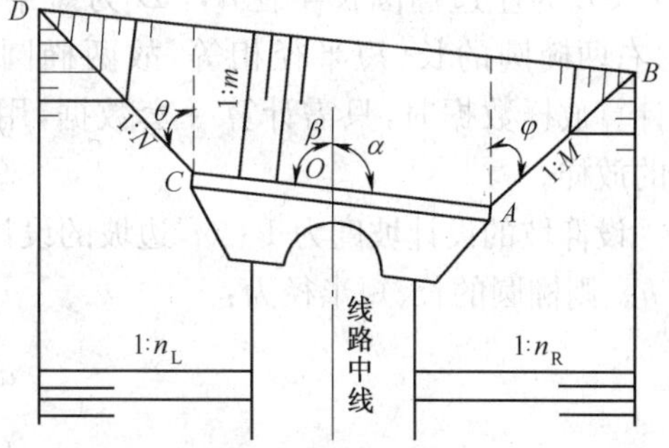

图11-4 方角式仰坡放样

图11-4中,A、C为仰坡在洞顶的坡脚点,AC为坡脚线,其位置由它的设计里程和洞门与路线中线的交角α或β确定,A、C点的高程为已

知。仰坡的设计坡度为 $1:m$，左、右边坡的设计边坡分别为 $1:n_L$、$1:n_R$。

根据几何关系可得：

$$\theta=\arctan\left(\frac{n_L\sin\beta}{m+n_L\cos\beta}\right)$$

$$\varphi=\arctan\left(\frac{n_R\sin\beta}{m-n_R\cos\beta}\right)$$

$$\left.\begin{aligned}M=\frac{n_R}{\sin\varphi}=\frac{m}{\sin(\alpha-\varphi)}\\N=\frac{n_L}{\sin\theta}=\frac{m}{\sin(\beta-\theta)}\end{aligned}\right\}$$

上述公式是按斜交洞门推导的，适合于各种情况。如为正交洞门，则 $\alpha=\beta=90°$。

方角式仰坡放样步骤：

(1)在现场根据仰坡坡脚线的设计里程定出坡脚线中线桩 O。

(2)安置仪器于 O 点，按洞门与路线中线交角 α 或 β 及洞门主墙宽度 AC 定出坡脚点 A 和 C。

(3)安置仪器于 A 点，后视 C 点，拨角 $(\beta+\varphi)$，定出 AB 方向。以同样的方法定出 CD 方向。

(4)测出 A、C 点的地面高程并测绘 AB、CD 方向的断面图。

(5)根据 A 点的地面高程与设计高程之差确定 A 点在断面图上的位置，再根据 AB 的坡度在断面图上绘出 AB 方向线，则 AB 方向线与 AB 地面线的交点即为 B 点位置。以同样的方法可定出 D 点位置。在图上量取 AB、CD 的水平距离即为测设数据。

(6)由 A、C 点分别沿 AB、CD 方向量平距即可定出交线角桩 B、D。

按照上述方法，在隧道洞口定出足够的边桩、仰坡桩，然后沿定出的桩点撒出石灰线，即为开挖边界线。

2. 圆角式仰坡放样

仰坡与边坡以锥体面相接者，称为圆角式仰坡，如图 11-5 所示。两锥体面的锥顶为仰坡坡角点 A、C，锥底面（朝上）的边线通常为四分之一椭圆，即图中 DE 曲线和 FG 曲线。AF 为右边椭圆长半径 a，AG 为短半径 b；CE 为左边椭圆长半径 a，CD 为短半径 b。由于左、右两椭圆的长、短半径相等，故两椭圆完全相同。在计算放样数据时，只需计算一套数据，用于左、右椭圆的放样。

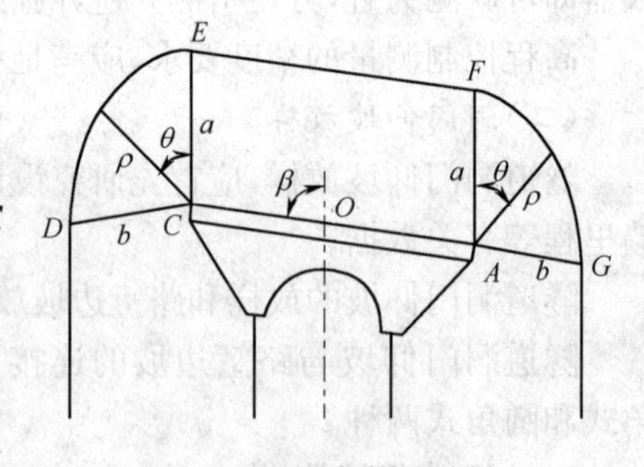

图 11-5　圆角仰坡放样

设仰坡的设计坡度为 $1:m$，边坡的设计坡度为 $1:n$，洞门与路线中线的交角为 β，锥体高为 h。则椭圆的长、短半径为：

$$\left.\begin{aligned}a=\frac{mh}{\sin\beta}\\b=nh\end{aligned}\right\}$$

如图 11-5 所示，当长半径方向 AF 向右偏 θ 角时，向径的长度为：

$$\rho=\frac{mnh}{\sqrt{m^2\sin^2\theta+n^2\sin^2\beta\cos^2\theta}}$$

设沿向径 ρ 的坡度为 1 ∶ N,则

$$N=\frac{mn}{\sqrt{m^2\sin^2\theta+n^2\sin^2\beta\cos^2\theta}}$$

放样时一般是在0°至90°之间每隔15°放一坡度线,用以控制连接部位的锥面。将0°、15°、30°、…、90°分别代入上式(θ),依次计算各向径 ρ 的长度及坡度 N 值,即可据以放样出锥面。

上式是按斜交洞门、两边边坡坡度相同的情况导出。当两边边坡坡度不同时,亦可按两公式计算,式中的 n 分别以 n_R、n_L 代入。

当洞门正交,且 $m=n$ 时,则 $a=b=nh$,即椭圆成为圆,各向径 ρ 的坡度均为 1 ∶ n。

圆角式仰坡放样与边坡的放样基本相同,当坡脚点 A、C 定出后,在 A、C 两点分别安置仪器,每隔15°拨出向径方向,再按各向径的坡度放出桩点。

(三)隧道进洞测量

隧道施工过程中,首先应测定洞门位置。开挖的初期阶段,洞内的平面控制和方向控制还未建立,必须依靠洞外控制点来找出开挖方向和开挖需要的临时中线点的位置,这就是隧道进洞测量。进行这项工作,首先需计算进洞关系数据,即根据洞外控制测量中所得的洞口投点的坐标和它与其他控制点连线的方向,来推算指导隧道开挖方向的起始数据(进洞数据)。

1. 直线隧道进洞测量

直线隧道的进洞方向,是利用洞外平面控制测量中所获得的两端洞口附近的中线点及其相邻控制点的精确坐标,反算出它们连线的坐标方位角,进而计算出进洞的拨角。如图11-6所示,A、D 连线为隧道洞内中线的理论位置,进洞方向的测设数据可按下式计算:

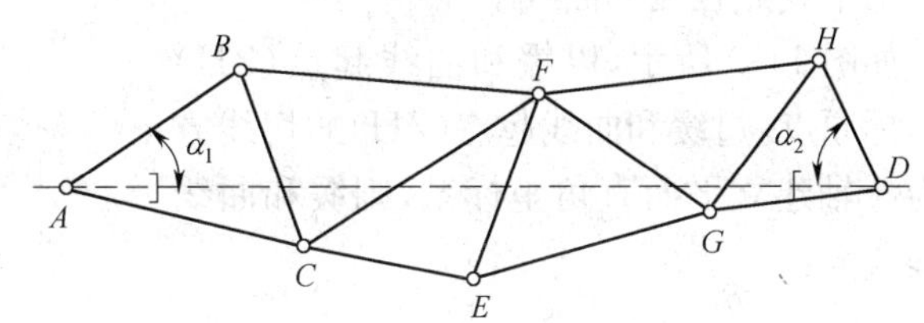

图11-6 直线隧道进洞测量

$$\begin{cases}\alpha_1=\alpha_{AD}-\alpha_{AB}\\ \alpha_2=\alpha_{DH}-\alpha_{DA}\end{cases}$$

进洞测量时,置镜于 A 点,后视 B 点,用测设已知水平角的方法测设水平角 α_1,得 AD 方向,即隧道中线方向,指导进洞;另一端置镜于 D 点,后视 H 点,用测设已知水平角的方法测设水平角 α_2,得 DA 方向,即隧道中线方向,指导进洞。

2. 曲线隧道进洞测量

曲线隧道进洞的关系较为复杂,需计算曲线资料以及曲线上各主点在隧道施工坐标系中的坐标,然后再计算进洞关系。

(1)计算曲线元素

如图11-7所示,A、G 和 D、E 位于曲线隧道两端洞口的切线上,而且被纳入了洞外平面控制网,这四个点的坐标已经精

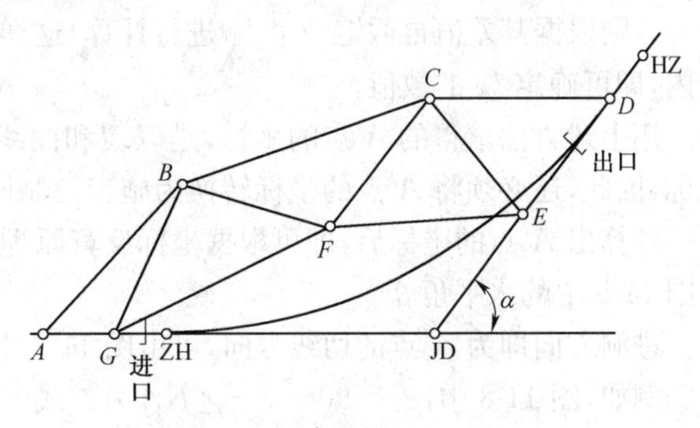

图11-7 曲线隧道进洞关系

确测定。根据 A、G、D、E 的坐标,用坐标反算的方法计算直线 AG、ED 的坐标方位角α_{AG}、α_{ED},利用α_{AG}、α_{ED}即可计算曲线的转向角α。由于测量误差的影响,此转向角α的数值与原来的转向角一般是不相等的。为了保证隧道正确贯通,应重新计算曲线元素。

有缓和曲线时,曲线元素包括半径 R、转向角α、缓和曲线长 l_0、缓和曲线角 β、内移距 p、切垂距 m、切线长 T、曲线长 L、外矢距 E_0、切曲差 q。计算时,曲线半径 R 和缓和曲线长 l_0 一般采用原来的设计值,不予改变,转向角α采用计算值,根据这三个已知曲线元素,计算其他曲线元素。

计算曲线元素后,还应计算 JD、ZH、HZ 及圆心 O 的坐标。

选定洞口外一个中线控制点,令其定测里程为曲线计算的起始里程。例如,选定图 11-7 中 A 点,则可根据 A 点定测里程计算隧道范围内其他中线点的里程(这种里程称为隧道施工里程),然后按规范要求的中桩间距计算中线点的坐标。

注意,因为计算曲线元素时所用转向角与定测阶段不相同,导致曲线长度与定测长度不一致,所以在隧道另一端洞外的中线控制点上,会出现断链。

(2)进洞关系计算

由于曲线的转向角α与定测时的转向角数值不同,导致曲线的位置发生变化,所以,按照定测时的曲线位置选择的洞口投点 A 就不一定在新曲线上,如图 11-8 所示。所以,需要将 A 点移到曲线上的 A'点,然后再计算进洞数据。

①中线点在缓和曲线上

如图 11-8 所示,以缓和曲线起点(ZH)为坐标原点,过缓和曲线起点(ZH)的切线方向为 x 轴建立平面直角坐标系,则缓和曲线方程式为:

$$\begin{cases} x = l - \dfrac{l^5}{40R^2 l_0^2} \\ y = \dfrac{l^3}{6Rl_0} - \dfrac{l^7}{336R^3 l_0^3} \end{cases}$$

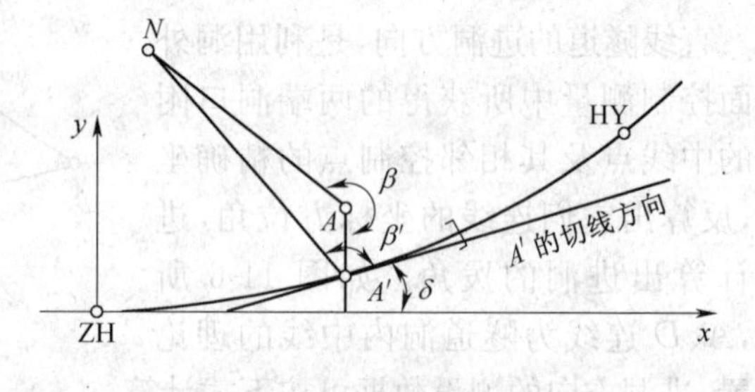

图 11-8　缓和曲线进洞示意图

式中,l 为曲线上任意点到缓和曲线起点(ZH)的弧长。

假设 $x_A = x_{A'}$,即将 A 点沿 y 轴方向移动到缓和曲线上,则可利用上式求得 $l_{A'}$,即 A'点到 ZH 点的弧长,然后再利用 $l_{A'}$的数值计算 $y_{A'}$。

求 $l_{A'}$时,可用逐渐趋近的方法。先根据 $l_{A'}$的大概数值,代入上式,求出 $x_{A'}$,如果 $x_{A'}$不等于 x_A,则根据其差值再假定一个 $l_{A'}$进行计算,这样反复计算,直到 $x_{A'}$和 x_A 的差值在允许范围内,即可确定 $l_{A'}$的数值。

用上述方法求得的 A'点的坐标,是以缓和曲线起点(ZH)为坐标原点的切线坐标系下的坐标,因此,还必须将 A'点的坐标转换为施工控制网的施工坐标。

计算出 A'点的坐标后,即可根据坐标反算原理计算移桩数据,即 A 点与 A'点间的距离 s 及图 11-8 中的水平角 β。

进洞方向即为 A'点的切线方向,可由图 11-8 中的水平角 β'测定。β'可根据几何关系来计算。例如,图 11-8 中,$\beta' = 90 - \delta + \angle NA'A$。式中,$\delta$ 为缓和曲线上任意点的切线与过 ZH 点的切线的夹角,其计算公式为:

$$\delta=\frac{l^2}{2Rl_0}\times\frac{180}{\pi}=\frac{90\times l^2}{\pi Rl_0}$$

测设时，根据 s 和 β 将 A 点移至 A' 点，然后置镜于 A' 点，后视 N 点，测设水平角 β'，即得 A' 点的切线方向，即进洞方向。

【例 11-1】 如图 11-9 所示，以直线上的转点 ZD_1 为坐标原点，曲线的切线方向为 x 轴建立隧道施工坐标系，各点的施工坐标为：$A(384.7512, 2.6851)$，$N(468.3805, -589.8785)$，$ZH(301.3985, 0)$。圆曲线设计半径 $R=400$ m，缓和曲线长 $l_0=90$ m。试计算 A 点移桩数据和进洞关系。

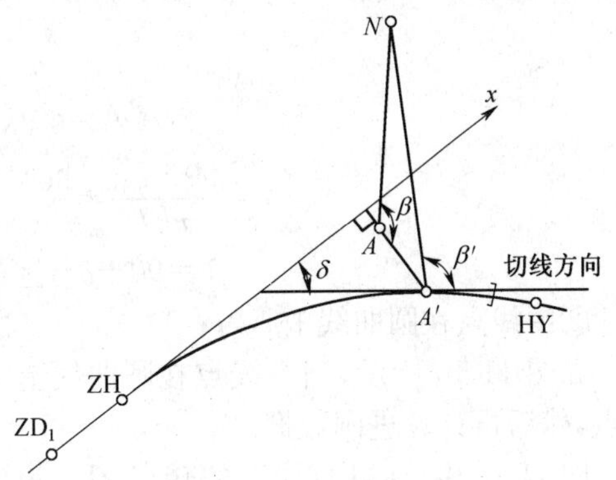

图 11-9　缓和曲线进洞关系示意图（例 11-1）

解：(1)计算 A' 点的坐标

在以 ZH 点为坐标原点、曲线的切线方向为 x 轴的切线坐标系中，假设 $x_{A'}=x_A$，则

$$x_{A'}=x_A-x_{ZH}=384.7512-301.3985=83.3527(\text{m})$$

先假定 $l_{A'}=83.42$ m，则

$$x_{A'}=l_{A'}-\frac{l_{A'}^5}{40R^2l_0^2}=83.42-0.0779=83.3421<83.3527(\text{m})$$

再假定 $l_{A'}=83.4327$ m，则

$$x_{A'}=l_{A'}-\frac{l_{A'}^5}{40R^2l_0^2}=83.4327-0.0780=83.3547>83.3527(\text{m})$$

再假定 $l_{A'}=83.4307$ m，则

$$x_{A'}=83.3527$$

所以，当 $l_{A'}=83.4307$ m 时，$x_{A'}=83.3527(\text{m})$

所以，A' 点的 y 坐标为：

$$y_{A'}=\frac{l^3}{6Rl_0}-\frac{l^7}{336R^3l_0^3}=2.6868(\text{m})$$

(2)计算移桩距离 s

$$s=y_{A'}-y_A=0.0017(\text{m})$$

(3)计算移桩角度 β

$$\Delta x_{AN}=x_N-x_A=468.3805-384.7512=83.6293\ \text{m}$$

$$\Delta y_{AN}=y_N-y_A=-589.8785-2.6851=-592.5636(\text{m})$$

因为 $\Delta x_{AN}>0$，$\Delta y_{AN}<0$，所以，直线 AN 位于第四象限，所以

$$\alpha_{AN}=360°-\arctan\left|\frac{\Delta y_{AN}}{\Delta x_{AN}}\right|=278°01'59.4''$$

因为 $x_A=x_{A'}$，所以，$\alpha_{AA'}=90°$

$$\beta=360°-(\alpha_{AN}-\alpha_{AA'})=171°58'00.6''$$

(4)计算进洞关系

$$\Delta x_{A'N}=x_N-x_{A'}=468.3805-384.7512=83.6293(\text{m})$$

$$\Delta y_{A'N}=y_N-y_{A'}=-589.8785-2.6868=-592.5653(\text{m})$$

因为 $\Delta x_{A'N}>0$，$\Delta y_{A'N}<0$，所以，直线 $A'N$ 位于第四象限，所以

$$\alpha_{A'N}=360°-\arctan\left|\frac{\Delta y_{A'N}}{\Delta x_{A'N}}\right|=278°01'59.4''$$

$$\alpha_{A'A}=270°$$

$$\angle NA'A=\alpha_{A'N}-\alpha_{A'A}=8°01'59.4''$$

$$\delta=\frac{90\times l_{A'}^2}{\pi Rl}=\frac{90\times 83.4307^2}{\pi\times 400\times 90}=5°32'20.9''$$

$$\beta'=90+\delta-\angle NA'A=87°30'21.5''$$

②中线点在圆曲线上

如图 11-10 所示，当中线点在圆曲线上时，需要沿曲线半径的方向将 A 点移到曲线上的 A' 点，然后再计算进洞数据。

图 11-10 中，在以直线上的转点 ZD_1 为坐标原点，过曲线起点(ZH)的切线方向为 x 轴的隧道施工坐标系中，控制点 A、N 的坐标在洞外控制测量中已经精确测定，圆心 O 的坐标在前面已经计算得出。

根据坐标反算原理，利用 O、A 两点坐标可计算出直线 OA 的坐标方位角 α_{OA}。然后根据坐标正算原理，A' 点的坐标为：

$$x_{A'}=x_0+R\times\cos\alpha_{OA}$$
$$y_{A'}=y_0+R\times\sin\alpha_{OA}$$

计算出 A' 点的坐标后，即可根据坐标反算原理计算移桩数据，即 A 点与 A' 点间的距离 s 及图 11-10 中水平角 β。

用坐标反算的方法计算直线 $A'N$ 的坐标方位角，过 A' 点的曲线的切线方向 $\alpha_{A'切}=\alpha_{OA}+90°$，则可计算进洞方向 β'。

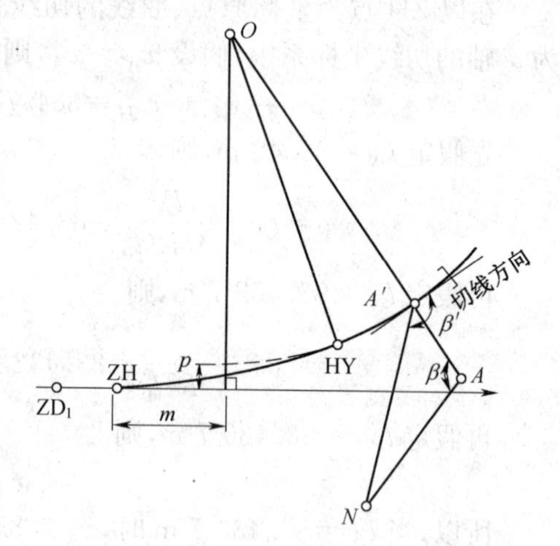

图 11-10　圆曲线进洞示意图

测设时，根据 s 和 β 将 A 点移至 A' 点，然后置镜于 A' 点，后视 N 点，测设水平角 β'，即得 A' 点的切线方向，即进洞方向。

(四)隧道洞内控制测量

在隧道施工过程中，必须进行洞内控制测量。其目的是指导开挖的掘进方向并防止误差的累积，保证最后的准确贯通。隧道洞内控制测量包括洞内平面控制测量和洞内高程控制测量。

1. 洞内平面控制测量

洞内平面控制测量常用的方法有中线法和导线法。此处只介绍导线法。

导线法是指洞内平面控制采用导线的形式进行，施工放样用的中线点由导线测设，中线点的精度能满足局部地段施工要求即可。

洞内导线测量的作用是以必要的精度，建立地下的控制系统。依据该控制系统可以放样出隧道(或坑道)中线及其衬砌的位置，从而指示隧道(或坑道)的掘进方向。

洞内导线等级的确定，取决于地下工程的类型、范围及精度要求等。

与地面导线测量相比，隧道工程中的洞内导线测量具有以下特点：

(1)由于受坑道的限制,洞内导线的形状取决于隧道的形状,通常形成延伸状。

(2)洞内导线不能一次布设完成,而是随着坑道的开挖而逐渐向前延伸。

(3)洞内导线一般分级布设,先布设精度较低的施工导线,然后再布设精度较高的基本控制导线、主要导线。如图 11-11 所示。

①一般开挖面每向前推进 25~50 m,布设施工导线点,用以进行放样及指导开挖。施工导线的边长为 25~50 m。

②当掘进长度达 100~300 m 时,为了提高导线精度、对低等级导线进行检查校正、检查隧道的方向是否与设计相符合,选择一部分施工导线点布设精度较高的基本控制导线。基本导线的边长为 50~100 m。

③当隧道掘进大于 2 km 时,选择一部分基本导线点布设主要导线,主要导线的边长一般为 150~800 m。

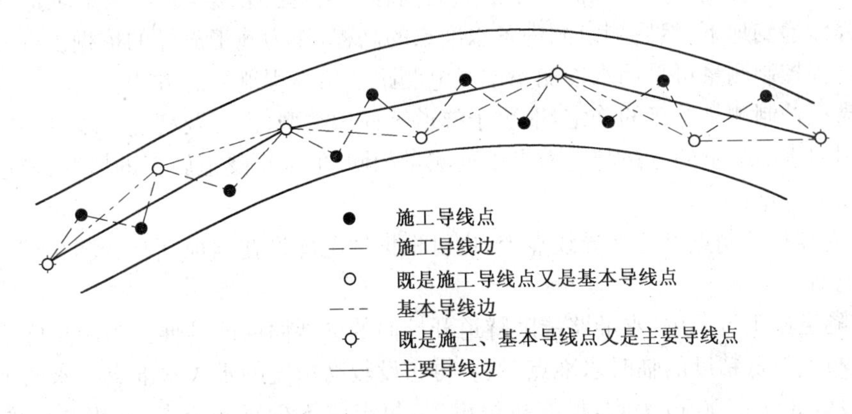

图 11-11 隧道洞内导线示意图

(4)隧道内工作环境较差,对导线测量干扰较大。

在布设地下导线时应注意以下事项:

(1)隧道洞内导线应以洞口投点为起始点,沿隧道中线或隧道两侧布设成直伸形长边导线或狭长多环导线。导线的边长宜近似相等,直线段不宜短于 200 m,曲线段不宜短于 70 m,导线边距离洞内设施不小于 0.2 m。当双线隧道或其他辅助坑道同时掘进时,应分别布设导线,并通过横洞连成闭合环。导线点应尽量布设在施工干扰小、通视良好且稳固的安全地段。

(2)主要导线和基本导线的边长应按贯通要求设计,当隧道掘进至导线设计边长的 2~3 倍时,应进行一次导线延伸测量。对于长距离隧道,可加测一定数量的陀螺经纬仪定向边。

(3)由于地下导线边长较短,因此进行角度观测时,应尽可能减小仪器对中和目标对中误差的影响。一般在测回间采用仪器和觇标重新对中,在观测时采用两次照准两次读数的方法。若照准的目标是垂球线,应在其后设置明亮的背景,建议采用对点器觇牌照准,用较强的光源照准标志,以提高照准精度。

(4)边长测量中,当采用电磁波测距仪时,应防止强灯光直接射入照准头,并经常拭净镜头及反射棱镜上的水雾。当坑道内水汽或粉尘浓度较大时,应停止测距,避免造成测距精度下降。洞内有瓦斯时,应采用防爆测距仪。

(5)凡是构成闭合图形的导线网(环),都应进行平差计算,以便求出导线点的新坐标值。当隧道全部贯通后,应对地下长边导线进行重新平差,用以最后确定隧道中线。

(6)对于大断面的长隧道洞内导线,由于采用全站仪测距,地下导线在布设上有较大的改变,例如不再是支导线而成环状,导线点不再严格地布设在隧道中线上,而是布置在便于观测、干扰小、通视好且坚固稳定的地方。

对于短边(斜井平坡段),宜采用强制对中的三联法测角测边,以提高精度。除洞口附近外,洞内的气象变化较小,测距较稳定,往返测较差不大。从贯通成果看,横向精度良好,纵向存在随距离变化的系统误差。对于螺旋形隧道,不能形成长边导线,每次向前引伸时,都应从洞外复测。复测精度应一致,在证明导线点无明显位移时,取点位的均值。

2. 洞内高程控制测量

洞内高程控制测量的目的,是为了在隧道内建立一个与地面统一的高程系统,以作为隧道施工放样的依据,保证隧道在竖向正确贯通。

隧道洞内高程控制测量应以洞口水准点的高程作为起测依据,通过水平坑道、竖井、斜井等处将高程传递到地下,然后测定洞内各水准点的高程,作为施工放样的依据。

洞内高程控制测量可采用水准测量或光电测距三角高程测量的方法。

洞内高程控制测量等级的确定,取决于隧道工程的类型、范围及精度要求等。

隧道洞内水准测量的方法与地面上水准测量相同,但根据隧道施工的情况,隧道洞内水准测量具有以下特点:

(1)洞内高程控制点可选在导线点上,也可根据情况埋设在洞顶、洞底或洞壁上,但必须稳固和便于观测。

(2)在隧道施工过程中,水准路线随隧道开挖面的进展而向前延伸。为满足施工放样的要求,一般先布设较低精度的临时水准点,然后再布设较高精度的永久水准点。永久水准点之间的距离一般以 300~500 m 为宜,最好按组设置,每组应不少于两个点,各组之间的距离一般为 200~400 m。

(3)隧道贯通之前,洞内水准路线均为支水准路线,因而需要进行往返观测,当往返测高差闭合差在允许范围内时,取往返测平均高差作为测量成果,用以推算水准点的高程。测量过程中,每一测站应采取多次观测的方法进行检核。由于洞内通视条件差,视线长度不宜大于 50 m;

(4)为检查洞内水准点的稳定性,应定期根据地面水准点进行重复的水准测量,将测得的高差成果进行分析比较。根据分析的结果,若水准点无变动,则取所有高差的平均值作为高差成果;若发现水准点有变动,则应取最近一次的测量成果。

如果隧道的后期施工对高程的精度要求较高,则在隧道贯通以后,以两端洞口高程控制点为起点和终点,将洞内所有高程控制点重新复测一次,将高差闭合差按距离进行分配,再计算各水准点的高程,以提高测量结果的精度。

(五)洞内中线测量

隧道的施工中线,主要是用于指导隧道开挖和衬砌放样。施工中线分为永久中线和临时中线。

隧道施工过程中,必须按要求在洞内进行平面测量工作。如图 11-12 所示,a、b、c、d 为正式中线点,1、2、3 为临时中线点。当隧道掘进的延伸长度不足一个中线点间距时,则测设临时中线点 1、2、3…当延伸长度大于一个或两个中线点间距时,就可以建立一个新的正式中线点,例如 d 点。当掘进的延伸长度距最后一个导线点 C 的距离大于一个或两个导线边(直线不宜短于 200 m、曲线部分不宜短于 70 m)时,就可以建立一个新的导线点。

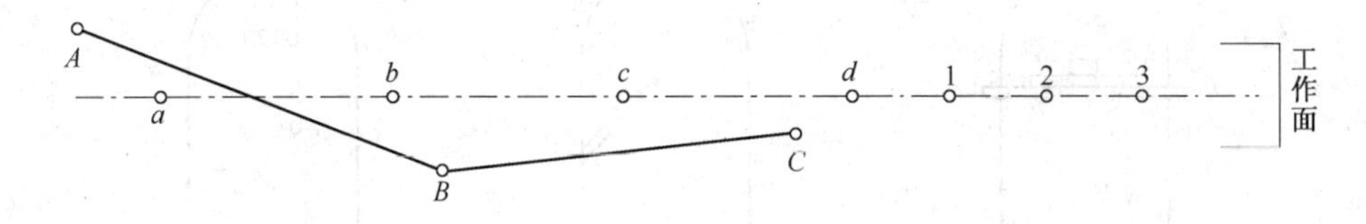

图 11-12 隧道洞内平面测量

永久中线点应根据洞内导线测设。如图11-13所示,洞内导线点 A、B 的坐标已经测定,隧道中线点 K 的设计坐标为已知数据。根据坐标反算原理可计算直线 BA、BK 的坐标方位角及 B 点到 K 点的距离 s,从而可计算出直线 BA 与直线 BK 的夹角 β。将仪器安置于导线点 B,后视导线点 A,先用测设已知水平角的方法测设水平角 β,然后沿视线方向测设水平距离 s,即得中线点 K。

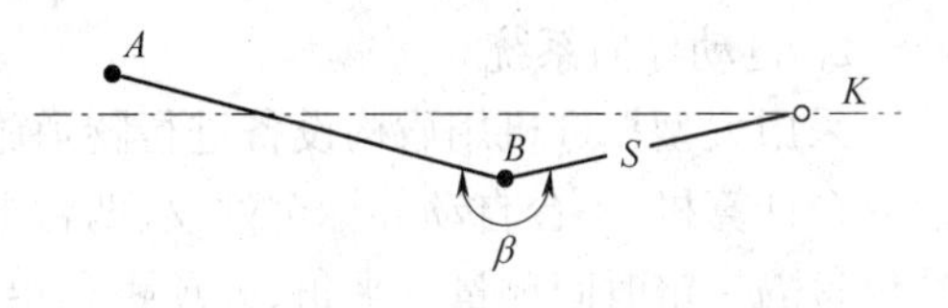

图 11-13 利用导线测设中线点示意图

临时中线点可用串线法、切线支距法、弦线偏距法等方法测设。

当采用全断面开挖时,导线点和中线点都是紧跟临时中线点的,这时临时中线点要求的精度也较高,一般用经纬仪施测。

对于大型掘进机械施工的长距离隧道,宜采用激光指向仪、激光经纬仪或陀螺仪导向,也可采用其他自动导向系统,其方位应定期校核。

隧道衬砌前,应对中线点进行复测检查并根据需要适当加密。加密时,中线点间距不宜大于 10 m,点位的横向偏差不应大于 5 mm。

(六)洞内腰线的测设

在隧道施工中,为了随时控制洞底的高程,通常在隧道侧面岩壁上沿中线前进方向每隔一定距离(5~10 m),标出比洞底设计地坪高出 1 m 的抄平线,称为腰线。

如图 11-14 所示,A 点为洞内水准点,1、2 为设计腰线上的点,高程均已知。将水准仪安置于适当的地方,后视水准点 A,用测设已知高程点的方法测设 1、2 点,则 1、2 两点连线即为腰线。

腰线标定后,可以根据腰线随时定出断面各部位的高程及隧道坡度,对于隧道断面的放样和指导开挖都十分方便。

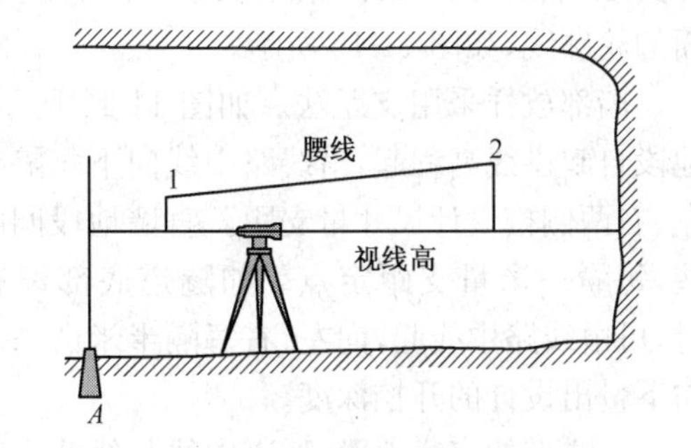

图 11-14 腰线测设示意图

(七)隧道掘进方向的指示

1. 激光导向技术

在隧道施工过程中,可用激光定向经纬仪或激光指向仪发射的可见光,指示出中线及腰线方向或它们的平行方向,以指示掘进方向。它具有直观性强、作用距离长、测设时对掘进工序影响小,便于实现自动化控制的优点。

激光导向仪在使用时的固定方式,视仪器的类型与施工现场条件而定,以不影响施工和运输为宜。如图 11-15 所示。

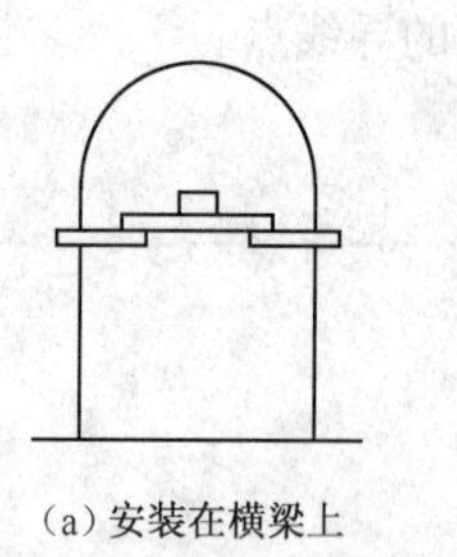

（a）安装在横梁上

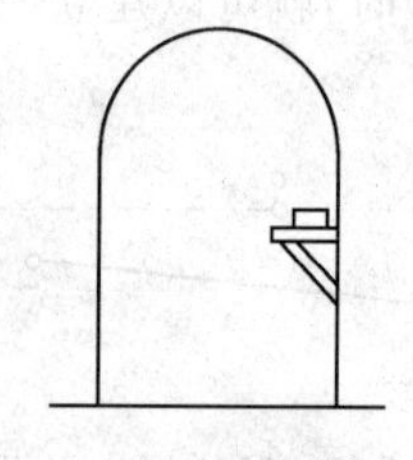

（b）安装在侧面钢架上

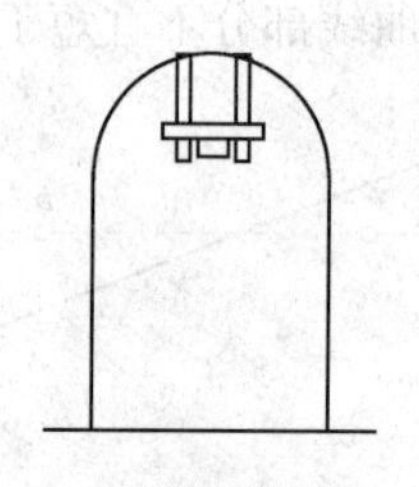

（c）安装在锚杆上

图 11-15　激光指向仪的安装示意图

2. 自动导向系统

采用大型掘进机用盾构设备进行隧道施工时，可用自动导向系统指导掘进方向。该系统由一台计算机、一台自动寻标全站仪、两台电子测倾仪、四台超声测距仪及其他设备组成。全站仪每隔一定时间测量水平角、天顶距和距离，测倾仪测量盾构轴线的纵横倾斜度，传输给计算机计算出轴点的三维坐标，并换算到设计轴线上，即可以计算出掘进机瞬时行使轴线对于设计轴线的水平、垂直方向的偏差，并以数字和图形的方式显示出来，掘进机驾驶员通过计算机调节掘进方向。四台超声测距仪主要用于测量盾构内壁在隧道洞壁衬砌前后的径向距离，计算最佳的衬砌顺序，使已建成的洞壁与盾构外壳不至卡住，保证隧道轴线尽可能接近设计的几何形状。所有的结果存储在计算机中并可随时打印。

（八）开挖断面的放样

开挖断面的放样是在中线和腰线基础上进行的，包括两侧边墙、拱顶、底板（仰拱）的放样。通常根据设计图纸给出的断面宽度、拱脚和拱顶的标高、拱曲线半径等数据，采用断面支距法测设断面轮廓。

拱部断面的轮廓线放样时，自拱顶外线高程起，沿线路中线向下每隔半米向左、右两侧量其设计支距，然后将各支距端点连接起来，即为拱部断面的轮廓线，如图 11-16 所示。

墙部放样采用支距法。如图 11-16 所示，曲墙地段自起拱线高程起，沿线路中线向下每隔半米向左、右两侧按设计尺寸量支距。直墙地段间隔可大些，每隔一米量支距定点。如隧道底部设有仰拱时，可由线路中线起，向左、右每隔半米由路基高程向下量出设计的开挖深度。

在隧道的直线地段，隧道中线与线路中线重合一致，开挖断面的轮廓左、右支距（指与断面中线的垂直距离）亦相等。在曲线地段，隧道中线由线路中线向圆心方向内移 d 值，由于标定在开挖面上的中线是依线路中线标定的，因此在标绘轮廓线时，内侧支距应比外侧支距大 $2d$。

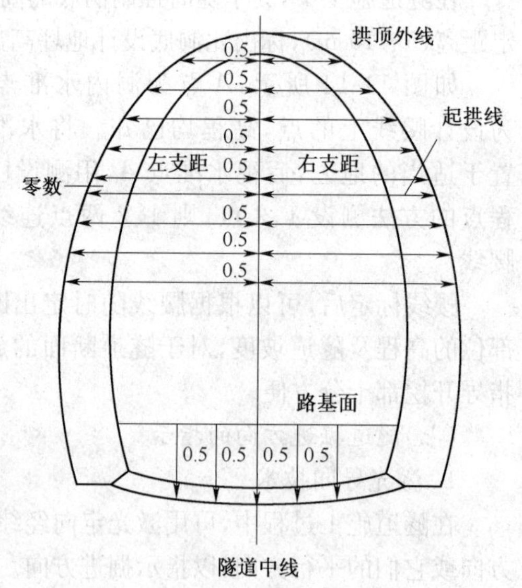

图 11-16　隧道开挖断面放样示意图

施工断面各部位的高程，应考虑允许的施工误差。一般起拱线、内拱顶和外拱顶高程，均需增加 5 cm，有时为了防止掘进中底部开挖超高处理困难，采取将底部高程降低 10 cm。

(九)衬砌放样

隧道各部位衬砌的断面尺寸，可根据线路中线、起拱线及路基高程定出。在衬砌放样之前，首先应对这三条基本线进行复核检查。

1. 拱部衬砌放样

拱部衬砌的放样主要是将拱架安置在正确位置上。拱部分段进行衬砌，一般按 5～10 m 进行分段，地质不良地段可缩短至 1～2 m。拱部放样根据线路中线点及水准点，用仪器放出拱架顶的位置和起拱线的位置以及十字线(是指路线中线与其垂线所形成的十字线，在曲线上则是路线中线的切线与其垂线所形成的十字线)，然后将分段两端的两个拱架定位。拱架定位时，应将拱架顶与放出的拱架顶位置对齐，并将拱架两侧拱脚与起拱线的相对位置放置正确。两端拱架定位并固定后，在两端拱架的拱顶及两侧拱脚之间绷上麻线，据以固定其间的拱架。在拱架逐个检查调整后，即可铺设模板衬砌。

2. 边墙及避车洞的衬砌放样

边墙衬砌先根据线路中线点和水准点，按施工断面各部位的高程，用仪器放出路基高程、边墙基底高程及边墙顶高程，对已放过起拱线高程的，应对起拱线高程进行检核。如为直墙，可从校准的路线中线按设计尺寸放出支距，即可立模衬砌。如为曲墙，可先按 1∶1 的大样制出曲墙模型板，然后从线路中线按算得的支距安设曲墙模型板进行衬砌。

避车洞的衬砌放样与隧道的拱、墙放样基本相同。其中心位置是按设计里程，由线路中线放垂线(即十字线)定出。

3. 仰拱和铺底放样

仰拱砌筑时的放样，是先按设计尺寸制好模型板，然后在路基高程位置绷上麻线，再由麻线向下量支距，定出模型板位置。

隧道铺底时，是先在左、右边墙上标出路基高程，由此向下放出设计尺寸，然后在左、右边墙上绷以麻线，以此来控制各处底部是否挖够了尺寸，之后即可铺底。

(十)隧道贯通测量

1. 隧道贯通误差及其限差

隧道施工进度慢，往往成为控制工期的工程。为了加快施工进度，除了进、出口两个开挖工作面外，还常采用横洞、斜井、竖井、平行导坑等来增加开挖工作面，如图 11-17 所示。

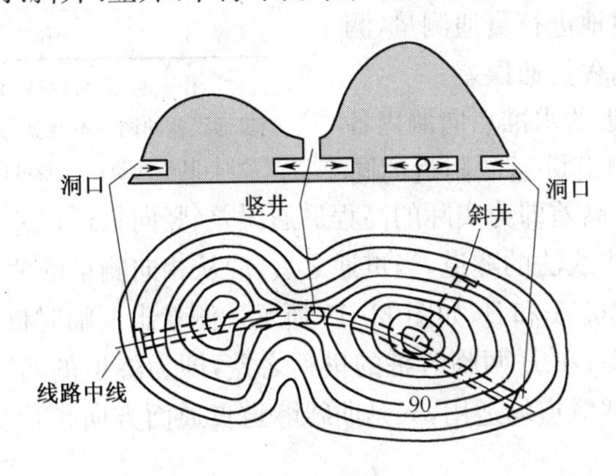

图 11-17 隧道开挖示意图

两个相邻的掘进面按设计要求在预定地点彼此接通，称为隧道贯通。为此而进行的相关测量工作称为贯通测量。由于各项测量工作中都存在误差，导致相向开挖中具有相同贯通面里程的中线点在空间不重合，此两点在空间的连接线段称为贯通误差。如图11-18所示。贯通误差在线路中线方向的分量称为纵向贯通误差（简称纵向误差），在水平面内垂直于中线方向的分量称为横向贯通误差（简称横向误差），在高程方向的分量称为高程贯通误差（简称高程误差），又称竖向贯通误差。

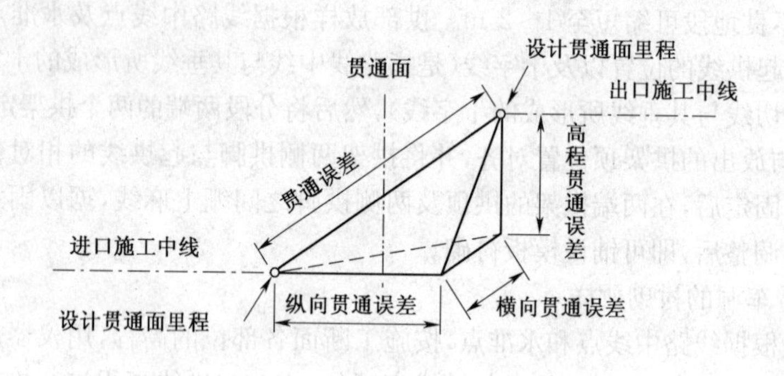

图11-18　隧道贯通误差

隧道测量的关键问题是如何保证隧道在贯通时，两相向开挖的施工中线的贯通误差不超过规定的限值。纵向贯通误差影响隧道中线的长度，只要它不低于线路中线测量的精度，就不会造成对线路坡度的有害影响。高程贯通误差对隧道的纵向坡度有影响，一般用水准测量的方法测定，即可满足精度要求。横向误差的大小直接影响隧道的施工质量，倘若横向贯通误差过大，就会引起隧道中线几何形状的改变，严重者会使衬砌部分侵入到建筑限界内，影响施工质量并造成巨大的经济损失。所以，规范中一般只对隧道横向贯通误差和高程贯通误差作出规定，而对隧道纵向误差不作规定。

不同的隧道工程对贯通误差的容许值有各自具体的规定，表11-1为《工程测量规范》（2007版）对隧道工程在贯通面上贯通误差的规定。

表11-1　隧道工程的贯通限差

类别	两开挖洞口间长度(km)	贯通误差限差(mm)
横向	$L<4$	100
	$4\leqslant L<8$	150
	$8\leqslant L<10$	200
高程	不限	70

注：作业时，可根据隧道施工方法和隧道用途的不同，当贯通误差的调整不会显著影响隧道中线几何形状和工程性能时，其横向贯通限差可适当放宽1～1.5倍。

2. 隧道贯通误差的测定

隧道贯通后，应及时地进行贯通测量，测定实际的横向、纵向和高程贯通误差。

由隧道两端洞口附近的水准点向洞内各自进行水准测量，分别测出贯通面附近的同一水准点的高程，其高差即为实际的高程贯通误差（竖向贯通误差）。

洞内平面控制采用中线法的隧道，当贯通之后，应从相向测量的两个方向各自向贯通面延伸中线，并各钉设一临时桩A和B，如图11-19所示。测量出两临时桩A、B之间的距离，即得隧道的实际横向贯通误差；A、B两临时桩的里程之差，即为隧道的实际纵向贯通误差。以上方法对于直线隧道与曲线隧道均适用，只是曲线隧道贯通面方向是指贯通面所在曲线处的法线方向。

采用导线作洞内平面控制的隧道，可在实际贯通点附近设置一临时桩点P，如图11-20所示，分别由贯通面两侧的导线测出其坐标。由进口一侧测得的 P 点坐标为 x_J、y_J，由出口一侧测得的 P 点坐标为 x_C、y_C，则实际贯通误差为：

$$f=\sqrt{(x_C-x_J)^2+(y_C-y_J)^2}$$

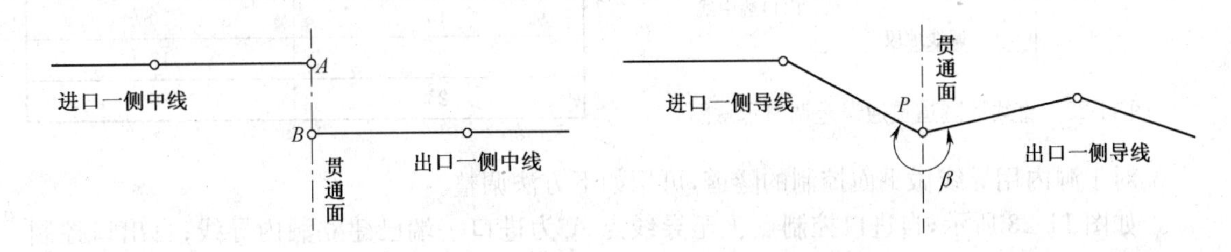

图 11-19 中线控制的贯通误差　　　　图 11-20 导线控制的贯通误差

对于直线隧道，通常是以路线中线方向作为 x 轴，此时横向、纵向贯通误差分别为：

$$f_{横}=y_C-y_J$$

$$f_{纵}=x_C-x_J$$

对于曲线隧道，其贯通面方向是指贯通面所在曲线处的法线方向。如图 11-21 所示，$\alpha_{贯}$ 为贯通面方向的坐标方位角，可根据贯通点在曲线上的里程计算获得，α_f 为实际贯通误差方向的坐标方位角，可根据坐标反算原理利用进口一侧坐标（x_J、y_J）和出口一侧坐标（x_C、y_C）计算出来，φ 为贯通面方向与实际贯通误差 f 的夹角。从图中可以看出，$\varphi=\alpha_f-\alpha_{贯}$。

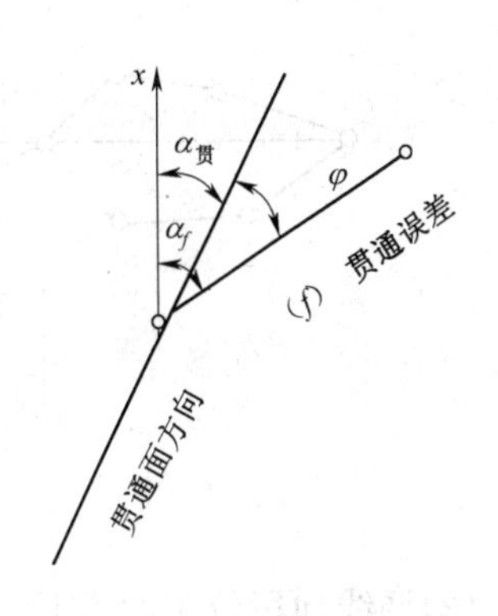

图 11-21 曲线隧道贯通方向与贯通面夹角示意图

计算出 φ 角后，即可计算隧道横向、纵向贯通误差：

$$f_{横}=f\cos\varphi$$

$$f_{纵}=f\sin\varphi$$

3. 隧道贯通误差的调整

如果隧道贯通误差在容许范围之内，就可认为测量工作已达到预期目的。然而，由于贯通误差将导致隧道断面扩大及影响衬砌工作的进行，因此，要采用适当的方法将贯通误差加以调整，进而获得一个对行车没有不良影响的隧道中线，作为扩大断面、修筑衬砌以及铺设路基的依据。

调整贯通误差，原则上应在隧道未衬砌地段上进行，一般不再变动已衬砌地段的中线，以防减小限界而影响行车。对于曲线隧道还应注意尽量不改变曲线半径和缓和曲线长，否则需经上级批准。

(1)调线地段位于直线上

当调线地段位于直线上时，可在未衬砌地段采用折线法调整。

如图 11-22 所示，在调线地段两端各选一中线点 A 和 B，连接 AB 而形成折线。如果由此而产生的转折角 β_1 和 β_2 在 $5'$ 之内，即可将此折线视为直线；如果转折角在 $5'\sim25'$ 时，可不加设曲线，按表 11-2 中的内移量将 A、B 两点内移；如果转折角大于 $25'$ 时，则应以半径为 4 000 m的圆曲线加设反向曲线。

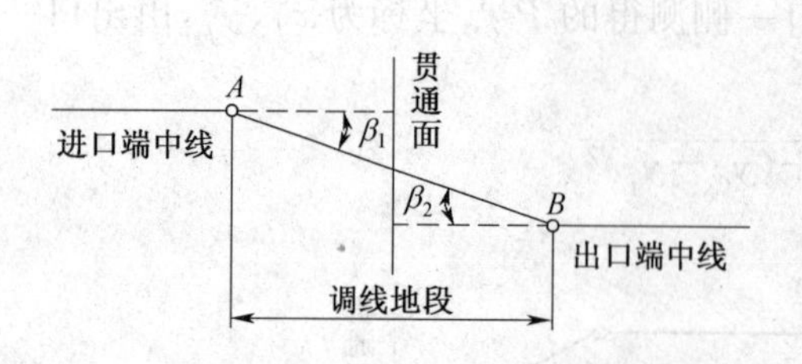

图 11-22　直线段隧道贯通误差调整示意图

表 11-2　各种转折角的内移量

转折角(′)	内移量(mm)
5	1
10	4
15	10
20	17
25	26

对于洞内用导线做平面控制的隧道，可用如下方法调整。

如图 11-23 所示，自进口控制点 J 至导线点 A 为进口一端已建立洞内导线；自出口控制点 C 至导线点 B 为出口一端已建立洞内导线。这些地段已由导线测设出中线，并据此衬砌完毕。A、B 之间是尚未衬砌的调线地段。在隧道贯通后，以 A、B 两点作为已知点，在其间构成含贯通点 E 的附合导线。用附合导线平差的方法计算各导线点的坐标，作为洞内未衬砌地段隧道中线点放样的依据。

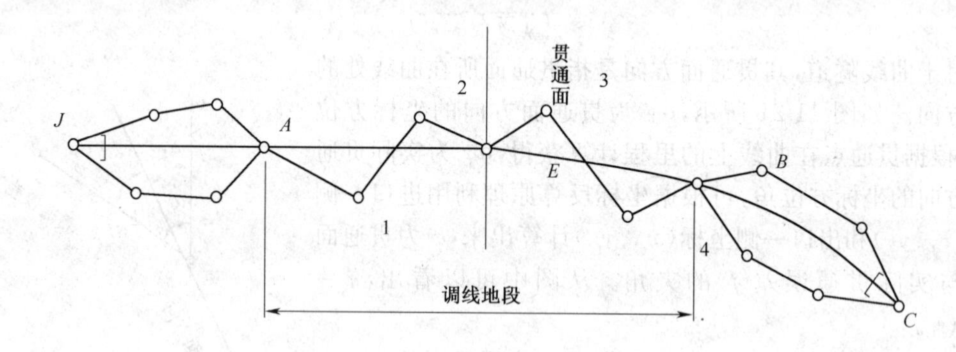

图 11-23　用洞内导线调整贯通误差

(2)调线地段位于曲线上

当调线地段全部位于圆曲线上时，应根据实际横向贯通误差，可由调线地段圆曲线的两端向贯通面按长度比例调整中线位置，也可用调整偏角法进行调整，也就是说，在贯通面两侧每 20 m 弦长的中线点上，增加或减小 10″～60″的切线偏角值。

由于贯通误差的存在，当贯通点在曲线始、终点附近时，调线地段既有曲线又有直线，曲线的切线与贯通面另一侧的直线既不重合，也不平行。如图 11-24 所示，进口端曲线的 HZ 点在贯通面附近，过 HZ 点的切线与出口端为直线的中线相交于 K 点，其交角为 β。为使曲线切线平行于出口端中线，可保持缓和曲线长度不变，将圆曲线增加或减少一段弧长，使这段弧长所对的圆心角等于 β。这样，YH 点移至 YH′点，HZ 点移至 HZ′点，过 HZ′点的切

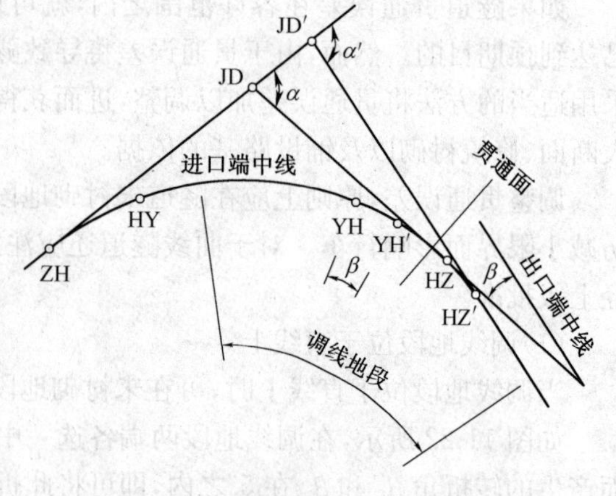

图 11-24　调整圆曲线长度示意图

线由原切线方向旋转一β角，与出口端中线平行，而JD移至JD$'$，转向角由α变为α'，切线长也相应增加。

将图11-24中贯通面部分放大，如图11-25所示。将过HZ点的切线适当延长至C点，测量HZ点至C点的距离为l，由HZ点和C点分别量出至出口端中线的垂距d_1和d_2，则β角为：

$$\beta=\frac{d_1-d_2}{l}\times\frac{180^\circ}{\pi}(^\circ)$$

β角的精度取决于l的长度及距离测量的精度。若β角欲达到10″的精度，l应不短于60 m；若β角欲达到30″的精度，l应不短于20 m；若β角欲达到1′的精度，l应不短于5 m。一般情况下，d_1和d_2的测量中误差应达到±1 mm，而测量l时精确到cm即可。

设圆曲线半径为R，圆曲线长度的变化值为：

$$\Delta L=\frac{\beta\times R\times\pi}{180}$$

需要注意的是，当$d_1>d_2$时，$\beta>0$，$\Delta L>0$，圆曲线增长；当$d_1<d_2$时，$\beta<0$，$\Delta L<0$，圆曲线减短。

将曲线的切线与贯通面另一端为直线的中线调整平行后，应进行检核。延长过HZ$'$点的切线20 m以上，测量延长切线两端点至出口端中线的垂距，应相等。

以上调整方法称为调整圆曲线长度法。

调整圆曲线长度后，曲线的切线已经与贯通面另一端的为直线的中线平行，但仍不重合，此时，可用调整曲线始、终点法进行调整。

如图11-26所示，将曲线的ZH点沿过ZH点的切线方向连同整个曲线向JD方向平移一段距离m，此时，ZH移至ZH$'$，JD$'$移至JD″，HZ$'$移至HZ″，这样，过HZ点的切线与出口端中线就完全重合了。m值可按下式求得：

$$m=\frac{s}{\sin\alpha'}$$

式中　s——调整平行后的切线与出口端中线的距离；

α'——调整平行后的转向角。

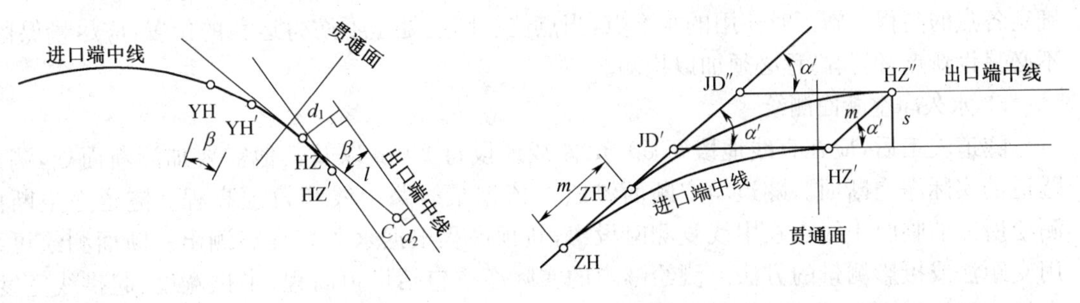

图11-25　计算β示意图　　　　图11-26　调整重合示意图

实际操作时，将ZH移至ZH$'$，然后以ZH$'$为曲线起点，测设曲线。

所有未衬砌地段的工程，在中线调整之后，均应以调整后的中线指导施工。

(3)高程贯通误差的调整

贯通点附近的水准点高程,采用由贯通面两端分别引进的高程的平均值,作为调整后的高程。洞内未衬砌地段的各水准点高程,根据水准路线的长度对高程贯通误差按比例分配,求得调整后的高程,并作为施工放样的依据。

(十一)隧道竣工测量

隧道竣工后,为了检查主要结构物及线路位置是否符合设计要求,并为将来运营中的工程维护和设备安装等提供测量控制点和竣工资料,应进行竣工测量。竣工测量包括下列内容。

1. 隧道线路中线复测

隧道竣工后,应对隧道内线路中线进行复测,以确保线路中线位置的精度,并恢复丢失的线路中线点。

对于采用中线形式控制的隧道,先检测竣工时仍保存的中线点,然后根据已检测的中线点恢复丢失的中线点。

对于采用导线形式控制的隧道,先检测竣工时仍保存的导线点,检测可靠后即可据此测设中线点;在丢失导线点地段,先在原导线点间加设新点,再按原测量精度施测并进行局部平差计算,最后根据平差后的导线点测设中线点。

检测中线时,应从一端洞口测至另一端洞口。检测的同时,在直线每隔 50 m,曲线每隔 20 m、洞身变换断面、衬砌类型变换以及其他需要测净空断面的里程处打临时中线桩或加以标志,供测绘断面用。中线复测合格后,在直线地段每 200~250 m、曲线主点埋设永久性中线桩。隧道竣工时洞内仍保存的中线点,若其间距和埋石均符合永久中线点的要求时,不再埋设新点。永久中线桩埋设以后,应按工程统一编号在边墙上绘出标志。标志设在高于轨面 50 cm 处,标志框内以白漆打底、红漆书写,上写中线点的名称,中间写里程,下写标志距中桩的距离。

2. 洞内永久水准点设置

隧道竣工后,应在高程复测的基础上每公里埋设一个永久水准点,短于 1 km 的隧道,应至少埋设一个或两端洞门附近各设一个,并在隧道边墙上做出标记,注明高程点的编号和高程。永久高程点设立后,应与两端洞口附近的高程控制点构成附合水准路线进行联测,平差后确定各点的高程。施工时使用的水准点,当点位稳固且处于不妨碍运营的位置,应尽量保留,不必另设新点,但其高程必须加以检测。

3. 永久净空断面测绘

隧道竣工后,应在直线地段每 50 m、曲线地段每 20 m 以及其他需要加测断面处,测绘隧道的实际净空断面。隧道净空断面测绘的依据是线路中线和轨顶高程。隧道净空断面测绘所需的临时中线点在中线复测时设出,轨顶高程根据永久高程点测出。断面测绘可采用支距法或摄影测量的方法。测绘隧道的实际净空包括拱顶高程、半拱宽度、起拱线宽度、内轨顶面线左右侧宽度、铺底或仰拱顶面高程(填充混凝土前测)等,最后应绘出断面净空图。

隧道竣工测量结束后,根据测量成果编绘相关的图表作为竣工资料,供将来运营中工程维修、养护和设备安装时使用。

(十二)成果整理及技术总结

1. 各阶段应整理和提交的测量资料

各阶段测量成果的整理,必须做到真实、明确、整洁,格式统一并装订成册。各导线点、中线点、高程点的名称必须记载正确,同一点名在各种资料中必须一致。测量成果资料应妥善保管。

(1)洞外控制测量应整理和提交的资料

①控制测量说明。包括隧道名称、长度、平面形状、布网情况、施测方法、仪器型号、平差方法、施测日期以及特殊情况与处理等。

②布点示意图。

③角度、边长和高程的实测精度及其计算方法,平差后的精度。

④控制网的边长、坐标和方位角计算成果。

⑤曲线转角、曲线的计算以及曲线始终点实测里程。

⑥控测里程与定测里程的关系。

⑦控测水准点高程计算成果及其与定测水准点高程的关系。

⑧洞口投点的进洞关系计算成果。

⑨洞外控制测量误差对贯通精度的影响值以及对洞内测量的要求。

(2)洞内控制测量应整理和提交的资料

①洞内控制测量说明。包括布点情况、施测日期、测量方法和仪器型号、实际贯通里程、平差方法、特殊情况及其处理。

②洞内控制测量示意图。

③角度、边长和高程的实测精度和计算方法。

④对洞外控制点的检测及联测情况。

⑤洞内导线点坐标以及水准点计算成果。

⑥在三个方向上的实际贯通误差。

⑦贯通误差的调整方法。

(3)施工测量应整理备查资料

①中线测量手簿

中线测量手簿包括永久中线测量记录和临时中线测量记录。永久中线测量记录包括方向测量记录、距离测量记录,点之记,点间关系附图。临时中线测量记录包括设角或串线记录、距离记录、点之记、点间关系附图。

②高程测量手簿

高程测量手簿包括洞内高程点(水准点)往返或对向观测记录、永久中线点和临时中线点高程测量记录。凡用于衬砌放样的中线点,其高程不少于两次测量且应相符。

③衬砌放样测量手簿

衬砌放样测量手簿包括以下内容:

a. 以里程冠号的断面高程测量:内轨顶、边墙底、起拱线、拱顶、底或仰拱的高程测量及标志。

b. 断面支距测量:绘出某种断面支距的图示及该种断面的起讫里程,断面变换时的过渡处理。

c. 断面方向线(十字线方向)测设。

(4)竣工测量应提交资料

①以隧道进出口轨顶高程处的洞门圬工里程为准的隧道长度表。

②中线基桩表。列出施工里程与统一里程对照表,并附施工断链表。

③曲线表。列出曲线要素及曲线的起讫里程。

④坡度表。列出坡度、坡段长及起讫里程。

⑤水准点(或高程点)表。列出点名、高程、位置。

⑥隧道净空表和净空断面图。

2. 技术总结

凡使用新技术、新仪器和新方法以及通过竖井进行测量的隧道,都应编写测量技术总结。主要内容有:基本情况,洞外、洞内的施测方法及实测精度,实际贯通误差及其调整方法,实施过程中发生的重大问题及其处理情况,引进和使用新技术的经验、教训和体会。

【拓展知识】

一、隧道洞外控制测量的常用方法

洞外平面控制测量常用的方法有中线法、精密导线法、三角测量和GPS测量等。

1. 中线法

所谓中线法,就是将隧道线路中线的平面位置,按定测的方法测设在地面上,经反复核对、改正,确认该洞内线路中线与两端相邻线路中线衔接正确无误后,标定洞口控制点,并以此为据,引测进洞和测设洞内中线。

中线法平面控制简单、直观,但精度不高,适用于1 000 m以内的直线隧道、500 m以内的曲线隧道或贯通精度要求不高的隧道。

2. 精密导线法

精密导线法是在隧道进出口之间,沿勘测设计阶段所标定的线路中线或离开中线一定距离布设导线,采用精密测量的方法测量各导线点和隧道两端洞口控制点的平面位置。

布设导线时,多采用闭合导线环和主副导线闭合环的形式。主副导线闭合环是将主导线尽量沿隧道中线布设,副导线宜贴近主导线,主副导线之间加设一定数量的导线边,形成多个导线环。导线环的个数不宜少于4个,每个环的边数以4~6条为宜。少于四环时,宜采用菱形导线锁或四边形锁。导线可以是独立的,也可以与国家高级控制点相连。

布设导线点时,相邻导线点间的高差不宜过大,导线的边长应根据隧道的长度和辅助坑道的数量及分布情况,并结合地形条件和仪器测程来选择。导线宜采用长边,最短边长不应小于300 m,相邻边长比不应小于1:3,且尽量以直伸形式布设,以减少转折角的个数,减弱边长误差和测角误差对隧道横向贯通误差的影响。

测量时,主导线既测角又测边,并计算各点坐标,副导线只测角不测边,目的是使导线角度测量得以检查,因此,不必计算副导线点的坐标。

导线的水平角观测,一般采用方向观测法。测回数应符合表11-3的规定。

表 11-3 测角精度、仪器型号及测回数

导线测量等级	测角中误差(″)	仪器型号	测回数
二	1.0	DJ_1	6～9
		DJ_2	9～12
三	1.8	DJ_1	4
		DJ_2	6
四	2.5	DJ_1	2
		DJ_2	4
五	4.0	DJ_2	2

当水平角只有两个方向时，则以总测回数的奇数测回和偶数测回分别观测导线的左角和右角，左、右角分别取平均值后，按下式计算圆周角闭合差Δ，其值应符合表11-4的规定。

$$\Delta = 左角_{中} + 右角_{中} - 360^{\circ}$$

表 11-4 测站圆周角闭合差的限差

导线等级	二	三	四	五
Δ''	±2.0	±3.5	±5.0	±8.0

导线的内业计算一般采用严密平差法，对于四、五等导线也可采用近似平差计算。

隧道洞外平面控制采用导线测量时，也可与光电测距三角高程测量联合作业，构成三维导线测量，提高工效。

精密导线法选点、布网比较自由灵活，对地形的适应性较好，受中线位置的约束较小，特别是随着全站仪的普及应用，导线法已成为当前洞外控制测量的主要方法之一。

3. 三角测量

利用三角测量建立隧道平面控制时，一般是布设成单三角锁，且沿两洞口连线方向尽量布设为直伸形式。三角网的水平角观测采用方向观测法，基线边采用光电测距。经平差计算可求得各三角点和隧道轴线上控制点的坐标，然后以控制点为依据，确定进洞方向。

三角锁图形结构坚强、方向控制精度高，在测距技术手段落后而测角精度较高的时期，是隧道控制的主要形式。由于三角锁的测角工作量大、三角点的定点布设条件苛刻，现仅用于个别曲线隧道的洞外平面控制。

二、隧道洞内导线的布设形式

1. 中线形式

中线形式就是以洞外控制测量定测的洞口控制点为依据，以定测(或稍高于定测)的精度，向洞内直接测设隧道中线点，并不断延伸作为洞内平面控制。这是一种特殊的支导线形式，即把中线控制点作为导线点，直接进行施工放样。该法只适用于较短隧道。

2. 导线形式

洞内导线可以布设成以下几种形式：

(1)单导线

从洞外控制点开始，每掘进20～50 m增设一个新点。导线布设灵活，但缺乏检核条件。为了防止错误和提高支导线的精度,每埋设一个新点后,都应从支导线的起点开始全面重复测量。复测还可以发现已建成的隧道是否存在变形,点位是否被碰动过。观测导线转折角时,半数测回测左角,半数测回测右角。观测短边的水平角时,应尽可能减少仪器的对中误差和目标偏心误差。

(2)导线环

如图 11-27 所示,导线环是长大隧道洞内控制测量的主要形式之一,有较好的检核条件,而且每增设一对新点,例如 5 和 5′点,可按两点坐标反算 5-5′的距离,然后与实地丈量的距离比较,这样每进一步均有检核。

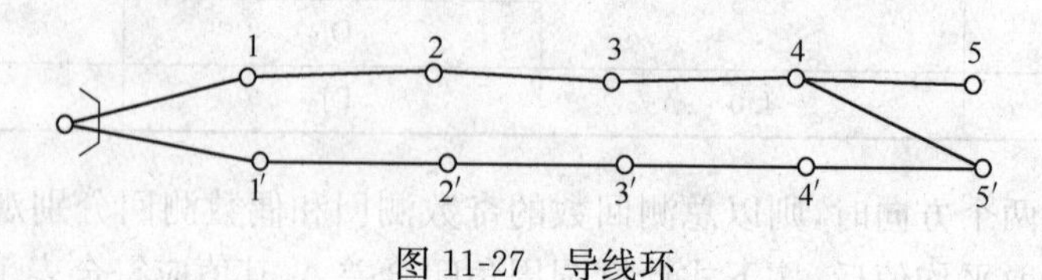

图 11-27 导线环

(3)主副导线环

如图 11-28 所示,双线为主导线,单线为副导线。主导线既测角又测距离,副导线只测角不测距离。按虚线形成第二闭合环时,主导线在 3 点处能以平差后的角度传算 3~4 边的方位角,以后均仿此形成闭合环。闭合环角度平差后,对提高导线端点的横向点位精度很有利,并可对角度测量加以检查,同时根据角度闭合差还可以评定测角精度,另一方面又节省了副导线大量的边长测量工作。

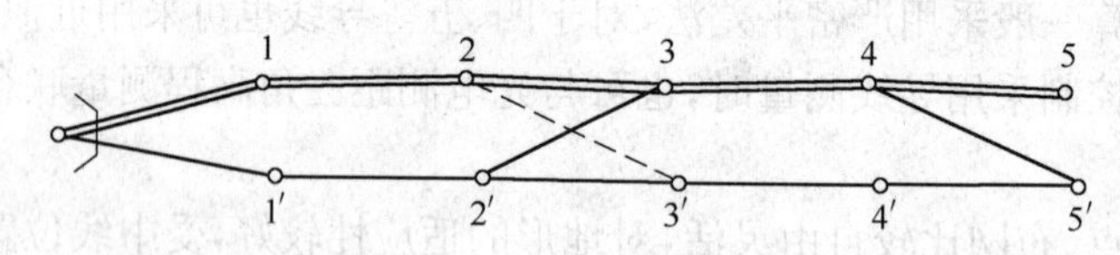

图 11-28 主副导线环

(4) 交叉导线

如图 11-29 示,并行导线每前进一段交叉一次,每一个新点由两条路线传算坐标(如 5 点坐标由 4 和 4′点传算),最后取平均值;亦可以实测 5~5′的距离,来检核 5 和 5′的坐标值。交叉导线不作角度平差。

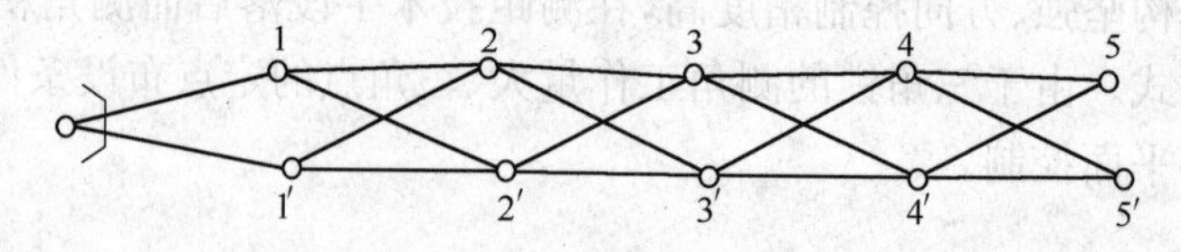

图 11-29 交叉导线示意图

(5)旁点闭合环

如图 11-30 所示,A、B 为旁点。旁点闭合环一般测内角,作角度平差;旁点两侧的边长,可测可不测。

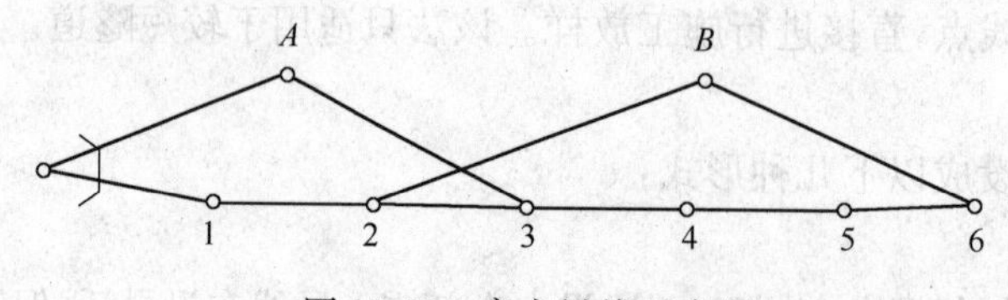

图 11-30 旁点导线示意图

三、竖井联系测量

在隧道施工过程中，可使用横洞、斜井、竖井等方法来增加开挖工作面。为保证隧道沿设计方向掘进，应通过横洞、斜井及竖井将地面的平面坐标系统及高程系统传递到地下。该项工作称为联系测量。横洞、斜井的联系测量可由导线测量、水准测量、三角高程测量完成。将地面的平面坐标系统及高程系统经由竖井传递到地下，称为竖井联系测量。竖井联系测量工作分为平面联系测量和高程联系测量。平面联系测量又分为几何定向(包括一井定向和两井定向)和陀螺定向。

竖井定向的误差对隧道贯通有一定的影响，其中坐标传递的误差将使地下导线的各点产生同一数值的位移，对隧道贯通的影响是一个常数。如图11-31所示，O_1、O_2为地面点经竖井在隧道内的投点，A、B、C、D为地下导线的正确位置，由于坐标传递的误差使起点A产生坐标误差m_x和m_y，因而使导线平行移动后的位置为A'、B'、C'、D'。

方位角传递的误差，将使地下导线各边方位角转动同一个误差值，它对贯通的影响将随着导线长度的增加而增大。如图11-32所示，A、B、C、D为地下导线的正确位置，由于起始边方位角误差m_0使导线位置发生扭转而位于A'、B'、C'、D'。此时，贯通面处由于起始方位角误差所引起的横向误差为：

$$m_q=\frac{m''_0}{\rho''}\times l_0$$

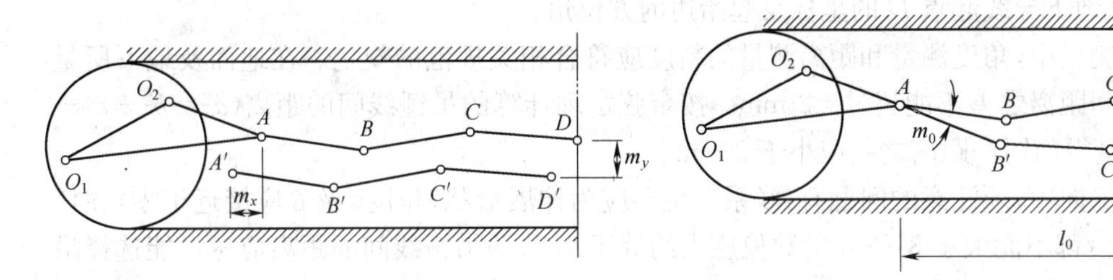

图11-31　竖井坐标传递误差对隧道贯通的影响　　图11-32　竖井方位角传递误差对隧道贯通的影响

设某段隧道由两个竖井相向开挖，两竖井间的距离为l，则贯通距离为：

$$l_0=\frac{1}{2}l$$

$$m_q=\frac{m''_0}{\rho''}\times\frac{l}{2}$$

按照地下控制网与地面上联系方式的不同，定向的方法可分为一井定向、两井定向、经过横洞或斜井定向、陀螺经纬仪定向。

1. 一井定向

如图11-33所示，在竖井内挂两条吊锤线，在地面上根据控制点测定两吊锤线的坐标x和y及其连线的方位角。在井下，根据投影点的坐标及其连线的方位角，确定地下导线的起算坐标及方位角。这种方法称为一井定向。

一井定向测量工作可分为投点和连接测量工作。

通过竖井用吊锤线投点，通常采用单荷重稳定投点法。吊锤的重量与钢丝的直径随井深而不同。为了使吊锤较快地稳定下来，可将其放入盛有油类液体的平静器中。投点时，首先在钢丝上挂以较轻的荷重，用绞车将钢丝导入竖井中，然后在井底换上作业重锤，并使它自由地放在平静器中，不与容器壁及竖井中的物体接触。

一井定向测量也可以采用激光铅直仪投点，它比吊锤线法方便。

连接测量的任务是由地面上距离竖井最近的控制点布设导线直至竖井附近设立近井点，由它用适当的几何图形与吊锤线连接起来，这样便可确定两吊锤线的坐标及其连线的方位角。在井下的隧道中，将地下导线点连接到吊锤线上，以便求得地下导线起始点的坐标以及起始边的方位角。

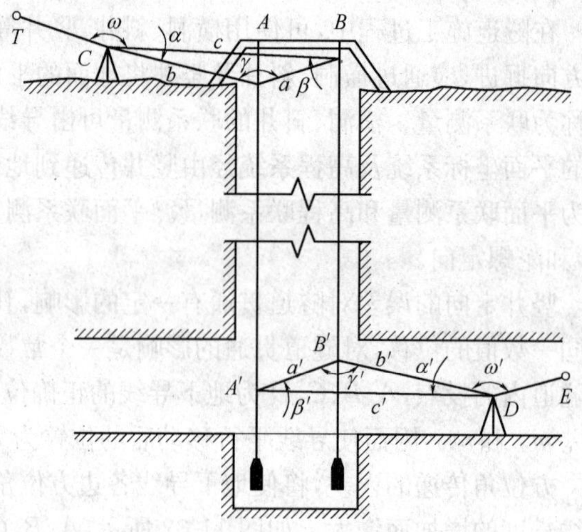

图 11-33　一井定向示意图

在连接测量中，常用的几何图形为联系三角形。图 11-33 中，C 点为地面上的近井点，A、B 为两吊锤线，D 为地下的近井点，即地下导线起点。待两吊锤线稳定后，即可开始联系三角形的测量工作。此时，在地面上测量水平角α及连接角 ω，并测量三角形的边长 a、b、c，在井下测量水平角α'及连接角 ω'，测量三角形边长 a'、b'、c'。根据测量结果解算联系三角形，进而计算地下导线起点 D 的坐标及起始边的方位角。

在连接测量中，角度测量和距离测量的精度应符合相关规范的规定。在地面及地下所量得的吊锤线间距离之差不能超过±2 mm。按余弦定理计算的吊锤线间的距离（$a^2=b^2+c^2-2bc\cos\alpha$）与量得的同一距离之差应小于 2 mm。

在一井定向中，须注意的问题有：联系三角形应为伸展形状，角度α及 β 应接近于零，在任何情况下，角α都不能大于 3°；b/a 的数值应大约等于 1.5；两吊锤线间的距离应尽可能选择最大的数值；当联系三角形未平差时，传递方向应选择经过小角 β 的路线。

为了使隧道精确贯通，应利用联系三角形法进行多次定向。当工作面离开竖井大于 50 m 时，即应进行第一次定向。工作面掘进至 100～150 m 时，进行第二次定向，其成果与第一次所得的数值相比较，如果差数不大于 30″，则取两次定向的平均值。若差数大于 30″，则采用第二次定向的方向值。当开挖到 300 m 时，再进行第三次定向。沿线路开挖超过 500 m 以后，必须再次进行定向。

2. 两井定向

在隧道施工过程中，在两相邻竖井间开挖的隧道贯通时，应采用两井定向。

如图 11-34 所示，两井定向是在两竖井（或通风孔）中分别悬挂一根吊锤线，利用地面上布设的近井点或地面控制点采用导线测量或其他测量方法测定两吊锤线的平面坐标值。在隧道中，将已布设的地下导线与竖井中的吊锤线联测，即可将地面坐标系中的坐标与方位角传递到地下去，经计算求得地下导线各点的坐标与导线边的方位角。

与一井定向相比，两井定向的优点有：由于两吊锤线间的距离大大增加了，所以减小了投点误差引起的方向误差，有利于提高地下导线的精度；外业测量简单，占用竖井的时间较短，有条件时可以把吊锤悬挂在竖井的设备管道之间，对生产的影响很小。

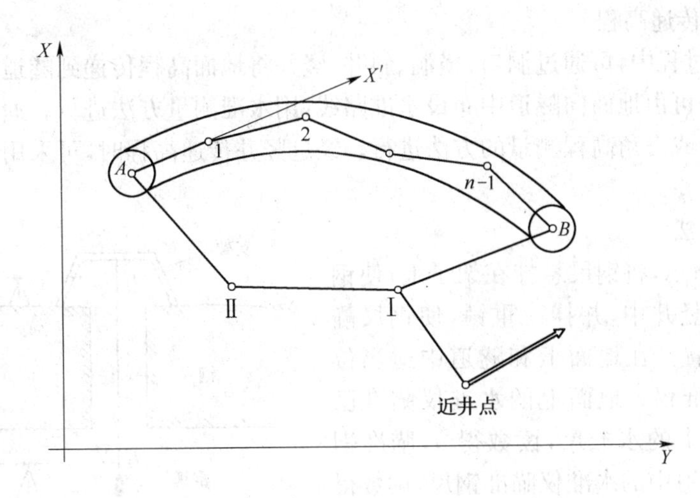

图 11-34 两井定向示意图

两井定向的外业包括投点、地面连接测量和地下连接测量。

(1)投点

投点所用设备及方法与一井定向相同。两井定向的投点与联测工作可以同时进行,也可单独进行。

(2)地面连接测量

根据地面已知控制点的分布情况,采用导线测量或插点的方法建立近井点,由近井点开始布设导线与两竖井中的吊锤线 A、B 连接,从而测量吊锤线 A、B 的坐标。

(3)地下连接测量

在隧道中布设导线,连接两竖井中的投点。布设导线时,根据现场实际情况尽可能布设长边导线,减少导线点数,以减小测角误差的影响。测量时,先将吊锤线悬挂好,然后在地面与地下导线点上分别与吊锤线联测。

地面与地下导线中的角度与边长可在另外的时间进行测量。

在连接测量中,地面控制网的方向没有传递到地下导线,所以地下导线没有起始边方位角,这样的导线称为无定向导线。

(4)内业计算

①根据坐标反算原理,利用竖井中吊锤线 A、B 的坐标,计算 A、B 连线的坐标方位角α_{AB}和两点间的距离 S_{AB}。

②如图 11-34 所示,设吊锤线 A 为坐标原点,$A1$ 边为 X'轴,其方位角$\alpha_{A1}=0°00'00''$。根据坐标正算原理,利用地下导线的测量成果,可计算各导线点在假定坐标系中的坐标 x'_i、y'_i,最终计算出 B 点坐标 x'_B、y'_B。

③用数学中坐标转换原理计算地下导线各点在地面坐标系中的坐标。

④根据坐标反算原理,利用 A 点坐标和 B 点坐标的计算值计算 A、B 连线的实测坐标方位角α'_{AB}和两点间的实测距离 S'_{AB}。由于测量误差的影响,$S_{AB}\neq S'_{AB}$,其差值为 $\Delta S=S_{AB}-S'_{AB}$。当 ΔS 符合规范要求时,即可按附合导线平差计算的方法进行平差计算,最终获得各地下导线点的坐标。

3. 通过竖井传递高程

在隧道开挖过程中，可通过洞口、横洞、斜井、竖井将地面高程传递到隧道内。通过洞口或横洞传递高程时，可由地面向隧道中布设水准路线，用水准测量方法进行。通过斜井传递高程时，可用水准测量或三角高程测量的方法进行。经过竖井传递高程时，可采用悬挂钢尺或全站仪进行。

(1)悬挂钢尺法

如图 11-35 所示，将钢尺悬挂在架子上，使钢尺零端向下垂入竖井中，并挂一重锤，使钢尺静止时处于铅锤位置。在地面上和隧道中适当位置各安置一台水准仪。地面上的水准仪瞄准已知高程水准点 A 上的水准尺，读数得 a，瞄准钢尺，读数得 l_1。隧道中的水准仪瞄准钢尺，读数得 l_2，瞄准隧道中水准点上水准尺，读数得 b。注意，l_1 和 l_2 必须在同一时刻观测，观测时应测量地面及地下的温度。

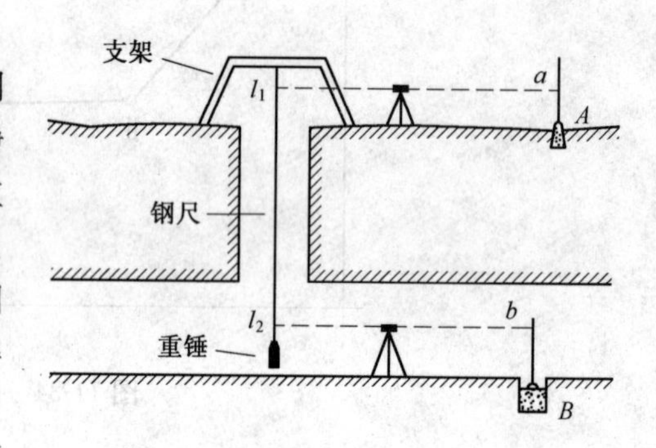

图 11-35　通过竖井传递高程示意图

由图 11-35 中几何关系可以看出，隧道中水准点 B 的高程 H_B 为：

$$H_B=H_A+a-[(l_1-l_2)+\Delta t+\Delta k]-b$$

式中　H_A——地面水准点 A 的高程；

Δk——钢尺尺长改正数；

Δt——钢尺温度改正数。

$$\Delta t=\alpha l(t_{均}-t_0)$$

式中　α——钢尺线膨胀系数，取 $1.25\times10^{-5}/℃$；

$t_{均}$——地面、地下的平均温度；

t_0——钢尺检定时的温度。

(2)全站仪法

如图 11-36 所示，将全站仪安置在井口盖板上的特制支架上，转动望远镜，使视线处于铅锤状态（竖直度盘读数为 0°，即竖直角为 90°）。在井下安置反射棱镜，使棱镜中心位于全站仪视线上，用全站仪距离测量功能测量全站仪横轴中心与棱镜中心的距离 D_h。然后在井上、井

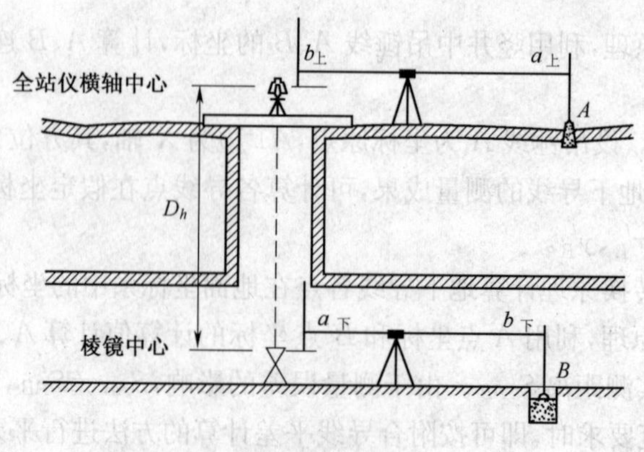

图 11-36　全站仪传递高程示意图

下分别同时用两台水准仪，测量地面水准点 A 与全站仪横轴中心的高差、井下水准点 B 与反射棱镜中心的高差。由图 11-36 可以看出，井下水准点 B 的高程为：

$$H_B=H_A+(a_{上}-b_{上})-D_h+(a_{下}-b_{下})$$

用全站仪将地面高程传递到井下比悬挂钢尺的传统方法快捷、精确，大大减轻了劳动强度，提高了工作效率。尤其对于 50 m 以上的深井测量，更显示出它的优越性。

附录1 南方全站仪的应用

一、仪器简介

(1)初始界面:显示"垂直角过零",键盘操作"失灵"。
操作方法是:快速转动望远镜数圈即可启动电子系统。
(2)显示"Tilt Over":含义是仪器整平精度不够(超限),需重新精平仪器。
(3)删除字符:向前回退,移动光标即可。
(4) [Shift]+[F1]:调节屏幕显示亮度。
(5)不带数字键盘的仪器如何输入字母?——字母切换方法:坐标测量键。
(6)仪器装箱时,红点对红点,朝上装入仪器箱底部的箱体内(不要装入箱盖内)。

二、南方全站仪放样程序

(一)初始化内存(此项根据需要做)

[MENU]菜单 (1/3)

[F3] 存储管理

[*内存管理] (3/3)

[F2] 初始化

[F1] 文件区

[是]

(二)建立新文件

[MENU]菜单 (1/3)

[F3] 存储管理

[*内存管理] (2/3)

[F1] 输入坐标

[输入]文件名:________[确认 F4]

[输入] 点号:________[确认 F4]

[输入] N(X):________

E(Y):________

Z(H):不输[确认 F4]

下一点

依次输完三点后退出[ESC]

（三）放样

[MENU]菜单 （1/3）

[F2] 放样

[调用 F2]（找文件名）________[确认 F4]

[F1] 输入测站点

[调用 F2]（选择点号）________[确认 F4]

N：

E：

Z：

>OK？ [是] 否

[输入 F1]仪高________[确认 F4] （错了可以修改：[回退]）

[F2] 输入后视点

[调用 F2]（选择点号）________[确认 F4]

N：

E：

Z：

>OK？ [是] 否

后视 HR(B)＝------

〉照准？（照准目标） [是] 否 设置（完成）

[F3] 输入放样点

[调用 F2]（选择点号）________[确认 F4]

N：

E：

Z：

>OK？ [是] 否

[输入 F1]棱镜高________[确认 F4]

计算值：HR＝例 45°------（方位角计算值）

HD＝例 63 m------（水平距离计算值）

角度　点号：P　　HR＝例 160°-------（现在的方向角值）

dHR＝ 115°-------（方向差值）

转动仪器照准部（HR、dHR 跟着变化），使 dHR＝0°00′00″（误差小于 2″），此时仪器视线即为 P 点方向。指挥棱镜移动到视线上（看拉杆棱镜底部尖）。

距离　HD＝52 m

dHD＝ －11 m　（太近了，还差 11 m，往远移动 11 m）

（小钢尺或皮尺辅助量距）

“来回”移动棱镜使 dHD＝0.000（误差小于±2 cm）时。棱镜点即为放样点 P。（注意：棱镜整平后才可测距）

说明：角度与距离可以进行状态切换，确保方向与距离都正确。

（四）检查与记录

放样出 P 点后还需对 P 点进行角度、距离和坐标测量，检查 P 点是否可靠，并作记录。

（1）角度　HR＝____________________

（2）距离　HD＝____________________

VD＝____________________（高差）

（3）坐标　N＝____________________

E＝____________________

Z＝____________________

说明：放样实作考试时注意以下问题：

（1）人员配合：每人需要 2 个助手辅助立棱镜。（自由组合，棱镜不用时请放倒在地上，确保棱镜安全）

（2）时间从对中整平后开始计算。开始前要检查仪器是否已对中整平，并核实仪器高。

（3）坐标数据现场随即给出：例如

测站点 5（152.740，133.235）

后视点 C（169.195，150.000）

放样点 P（157.461，151.724）　　（此数据可以作为训练练习用！）

（4）操作要求：①建立坐标文件：文件名____________（以名字汉语拼音开头字母命名）

②现场放样 P 点（现场打分）

③检查记录：测量测站点和放样点的距离，D＝____________。

附录2 苏一光全站仪的应用

一、仪器简介

(1)初始界面:“请转动望远镜”,键盘操作“失灵”。

操作方法是:快速转动望远镜数圈即可启动电子系统。

(2)显示“Tilt Over”:含义是仪器整平精度不够(超限),需重新精平仪器。

(3)删除字符:向前回退,移动光标即可。

(4)仪器测距时,需要的电量较大,因此应对电池及时充电。

(5)仪器装箱时,装入仪器箱底部的箱体内,不要装在箱盖上。

(6)仪器型号:RTS632。

二、苏一光全站仪放样程序

(一)初始化内存(此项根据需要做)

[MENU]菜单 (2/2)

[F1]存储管理 (3/3)

[F3]初始化

[F1]文件区

[是]

(二)建立新文件

[MENU]菜单 (2/2)

[F1]存储管理 (2/3)

[F1]输入坐标

[输入F1] 文件名:________[确认F4]

[输入F1] 点号:________[确认F4]

[输入F1] N(X):________

E(Y):________

Z(H):不输[确认F4] 2次

下一点

（三）放样

MENU 菜单　　（1/2）

F1　放样

列表 F2（找文件名）＿＿＿＿ 确认 F4

F1　测站设置

列表 F2（选择点号）＿＿＿＿ 确认 F4

输入 F1 仪高＿＿＿＿ 确认 F4 2 次

F2　后视点设置

列表 F2（选择点号）＿＿＿＿ 确认 F4

方位角设置　HR=--------（方位角显示值）

照准？（照准目标）　是 F3　否

F3　放样

列表 F2（选择点号）＿＿＿＿ 确认 F4

输入 F1 镜高 ＿＿＿＿ 确认 F4

计算值：HR：--------（方位角计算值---显示）

HD：--------（水平距离计算值---显示）

极差 F1　dHR：--------（方向差值显示）

dHD：-------（距离差值，测距后才显示）

dZ：-------

转动仪器照准部（dHR 跟着变化），使 dHR=0°00′00″（误差小于 2″），此时仪器视线即为 P 点方向。指挥棱镜移动到视线上（看拉杆棱镜底部尖）。

测距 F1　dHD=+5.74（太远了，往回移动 5.74 m）

−5.74（太近了，往远处移动 5.74 m）

（小钢尺或皮尺辅助量距）

来回移动棱镜使 dHD=0.000（误差小于±2 cm）时。棱镜点即为放样点 P。（注意：棱镜整平后才可测距）

注意：方向与距离都要兼顾，确保方向与距离都正确。

(四)检查与记录

放样出P点后,对P点进行角度、距离和坐标测量,检查P点是否可靠,并作记录。

(1) 角度　HR=＿＿＿＿＿＿＿＿

(2) 距离　HD=＿＿＿＿＿＿＿＿　VD=＿＿＿＿＿＿＿＿(高差)

(3) 坐标　N=＿＿＿＿＿＿＿＿　E=＿＿＿＿＿＿＿＿

Z=＿＿＿＿＿＿＿＿

附录 3　Win 全站仪的应用

一、仪器简介

(1)键盘操作

[FOIF...]:双击进入程序界面

[Shift]+[▲]:开启副显示屏(调节显示亮度)

[α]:第二功能(字母、数字切换)

[BS]:删除

(2)[配置管理]中可以找到“电子气泡”的显示界面，调节脚螺旋对仪器进行精平。操作过程中如果仪器精平不够，则“电子气泡”会自动弹出，应重新进行仪器精平。

(3)苏一光 Win 全站仪有免棱镜测量功能，全站仪放样时一般调至棱镜测量模式。

(4)苏一光 Win 全站仪显示屏为“触摸式”。

(5)仪器型号:苏一光 WinCE RTS800

二、Win 全站仪放样程序

(一)双击[FOIF…]，进入程序界面

(二)选择[新建项目]，建立项目名

输入文件名:________(可用自己的名字做文件名，也可用项目名或日期做文件名)

[保存]

(三)选择[常规测量]，建立数据文件

输入点，名称:____________________(即点名或点号)

代码:____________________(即点的属性，可以选择，也可以不输)

坐标:N ____________________(即 X 坐标)

E ____________________(即 Y 坐标)

Z ____________________(即高程 H，平面点位放样时可以不输)

点击[新建]即可输入下一点。

输完所有点后点击[ESC]。

(四)选择[常规测量]，进行测站和后视设置

(1)选择[测站设置]，进行测站设置

选择测站点:________>(点击>，通过[列表选取]，选择测站点)

点击确定，完成测站设置。

(2)选择后视，进行后视定向

选择坐标定向

选择后视点：________＞(点击＞，通过列表选取，选择后视点)

点击计算，后视方向值即计算出来

然后瞄准后视点，点击设角

(实际工作中点击完设角，还需要点击检查，对后视点进行实际测量，检查后视点是否正确)

确定，后视定向完成

点击翻页至下一界面。

(五)选择坐标放样，进入放样界面

(1)放样点：________＞(点击＞，通过列表选取，选择放样点)

点击确定，仪器即显示出水平方向的角度旋转值。

(2)根据提示转动仪器照准部至角度旋转值变为0°00′00″，此时仪器视线即为放样点所在方向。

(3)指挥棱镜左右移动至仪器视线上去(指挥拉杆底部尖移动)。

"整平"棱镜

点击"测距符号"(仪器测距图标)，仪器开始测距(若没信号，可能是棱镜未对上)

测距完成后即显示出棱镜应移动的方向(远或近)和距离。

(4)根据提示指挥棱镜沿视线方向前后移动，直至距离差值为0(误差小于±2 cm)(小钢尺配合)，找到放样点。

(此处需要反复操作，兼顾方向和距离都正确，确保放样的点位精度)

三、Win全站仪曲线测量程序

(一)双击FOIF…：进入程序界面

(二)选择新建项目，建立文件名：________________，保存

(或打开最近项目)

(1)常规测量

(2)测站设置(包括测站点确定、后视定向)

完成后确定

(3)关闭界面，退出"常规测量"

(三)选择道路测量，进入道路测量界面

(1)平曲线，进入"平曲线"界面

新建,显示是否“输入路线”,输入路线名称:Road1(可自定义名称)

关闭

(2)显示 Road1—平曲线

新建,显示“元素”中的“起始点”输入界面

“起始桩号”____________(即输入线路起始点里程,可直接输入米数)

N:____________(即 X 坐标)　E:____________(即 Y 坐标)

“桩号间隔”:____________(即中桩间距,一般为 20 m 或 10 m,也可以随即输入)

确定

(3)新建,进入“平曲线元素”中的“元素”输入界面

依次输入①“直线”要素:包括起始桩号、起始方位角和(直线)长度,确定。

新建,进入第一段“缓和曲线”输入界面。

②“缓和曲线”要素:包括弧段转向(左或右),(圆曲线)半径和(第一缓和曲线)长度,确定。

新建,进入下一段“圆曲线”输入界面

③“圆曲线”要素:即输入(圆曲线)长度,确定。

新建,进入第二段“缓和曲线”输入界面。

④“缓和曲线”要素:即输入(第二缓和曲线)长度,确定。

新建,进入下一段“直线”输入界面。

⑤“直线”要素:即输入(第二直线段)长度。

输入完成后,选择:接受,退出要素输入界面。

(4)路线放样,进入道路放样界面

①选择放样第一点:“桩号”______(可输入)。

②选择“坐标放样”。

③点击放样。

④瞄准前方棱镜点,“观测”,即显示出棱镜应该移动的方向和距离。

⑤根据提示寻找放样点位,直至达到要求,标记放样点。

⑥点击下一点,继续下一点放样。

附录 4　索佳全站仪的应用

一、仪器简介

1. 键盘介绍

[BS] 删除

[SFT] 数字、字母切换

[FUNC] 翻页

[↵] 回车(确认)

2. 显示含义介绍

ZA　　　　:竖盘显示

HAR(HAL):水平盘显示(HR,HL)

H　　　　:水平距离(HD)

S　　　　:倾斜距离(SD)

V　　　　:高差(VD)

NP(NBS)　:X 坐标(N)

EP(EBS)　:Y 坐标(E)

ZP(NBS)　:H 坐标(Z)

3. "超出"——未精平

4. 初始界面

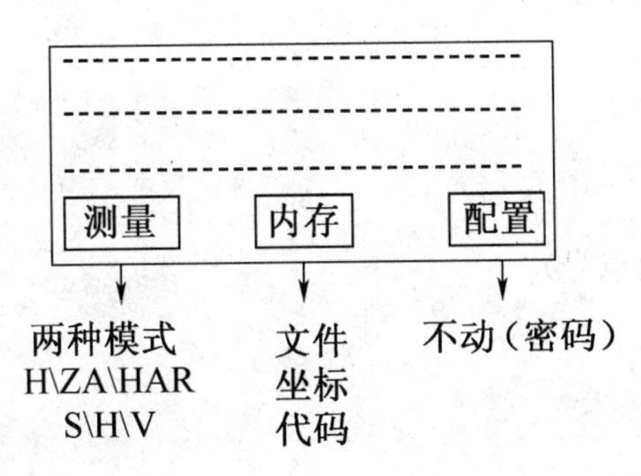

* [ESC] 可回到初始界面。

二、索佳全站仪放样程序

(一)初始化(根据需要操作)

(1)先关机。

(2)然后 [F1] [F3] [BS] [ON] 同时按。(松手)

闪显“清除内存”结束。

(二)建立坐标文件

1. 在“初始界面”选择[内存]

点击[文件操作]，[↵]

进入[文件选取]，[↵]

[列表]选取“文件”名，[↵]

[列表]选取“坐标文件”名，[↵]（两个文件名一般相同）

再[↵]，回到“文件选取界面”

[ESC]，回到“内存”界面。

2. 将坐标数据输入文件中

[已知坐标]，[↵]

[键盘输入]，[↵]

在选定的坐标文件名下输入放样的所有坐标数据（坐标 N、E、Z 和点号）

完成后，[ESC]，一直退至“初始界面”。

(三)放样

1. 在“初始界面”选择[测量]

翻页 [FUNC] 至 P3

[放样] 进入放样界面

（或翻页[FUNC]至 P2，[菜单]，选择[放样测量]，进入放样界面）。

2. 测站定向

(1)[测站定向]，[↵]

[测站坐标]，[↵]

[调取]测站点（可通过[查找]找出点号）

[记录]，[OK]！

(2)[后视定向]，[↵]

选取[坐标定向]，[↵]

[调取]后视点（可通过[查找]找出点号），[↵]，[OK]！

显示“后视定向”和当前“后视读数”HAR 值

“瞄准”后视点，[记录]

显示设置后的后视方向值，[OK]！

ESC，再ESC，至“放样测量”界面。

3. 放样实施

(1)放样数据，↵

调取放样点(可通过查找找出点号)

检查后，OK！

(2)← →，仪器显示水平角移动的方向和角度移动值。

(3)根据提示，左右转动仪器照准部，使角度移动值变为0°00′00″，此时视线方向即为放样点方向。指挥棱镜到视线方向上去(看棱镜底部尖)。

(4)“整平”棱镜后，观测，仪器显示距离应移动的方向(远或近)和距离移动值。

(5)根据提示，前后移动棱镜，使距离移动值变为0.000(误差小于±2 cm)，此时棱镜点即为放样点。

(此处需反复操作，要兼顾方向和距离值都正确，确保放样点精度)

三、自由设站法

测量→H、ZA、HAR模式→P2(页)

菜单→线路计算

→测站定向*(此处出现两次“测站定向”)

→测站坐标，↵

翻页FUNC至P2

→自设站

第一点：坐标、点号(可输入，也可调取)，记录，↵，OK！

第二点：坐标、点号、记录，↵，测量

观测：第一点

第二点

保存 OK！

(完成后ESC退出)

四、索佳全站仪圆曲线测量程序

举例说明：已知转向角$\alpha_{右}=104°40'00''$，圆曲线半径$R=30$ m，交点JD的里程为DK 18+518.88，ZY的里程为DK 18+480.02，QZ的里程为DK 18+507.42，YZ的里程为DK 18+534.82。ZY点坐标为ZY(1 000.00，1 000.00)，JD坐标为JD(1 022.95，1 031.36)。中桩间距为10 m一点，要求里程凑整(10 m的整倍数)。

圆曲线测量程序：

(一)测站定向

[测量]→H、ZA、HAR 模式→P2(页)

[菜单]→[线路计算]

→[测站定向*]→测站点、后视点(先瞄准)

(完成后[ESC]退出)(*测站定向可用自由设站法进行,详见三"自由设站法")

(二)圆曲线测量

[圆曲线]→①圆曲线/基点

NP:--------

EP:--------(输入 ZY 点后[记录],点号:ZY,[↵])

检查后[OK]!

→②圆曲线/交点

NP:--------

EP:--------(输入 JD 后[记录],点号:JD,[↵])

检查后[OK]!

→③圆曲线/中桩

曲线 右(左)转(◀▶切换 或 、切换)

半径 30 (输入)

基点桩号 480.02 (输入 ZY 里程 DK18+480.02)

中桩桩号 490 (输入第一中桩点里程 490)

[OK]!(即显示中桩点坐标 N、E 和方位角如下④所示)

→④圆曲线/中桩

N:--------(显示计算值)

E:--------(显示计算值)

方位角--------(显示计算值)

[记录],点号: 490 (输入点号,点号常用里程代表)

[↵]

→⑤[中桩]:500、510、520、530、534.82(重复③④)

或→⑤[放样]→[模式]→ 平距--------

角度--------[OK]!

→水平角差(显示)

→按[← →]键,显示仪器应旋转的方向(左或右)和旋转的角度值。

按仪器提示,转动照准部至水平角差为 0°00′00″,指挥棱镜(尖)到仪器视线上。整平棱镜，观测，仪器显示距离应移动的方向(远或近)和距离移动值。根据提示，前后移动棱镜，使距离移动值变为 0.000，此时棱镜点即为放样的中桩点 490。ESC

→⑥中桩：500(重复③④⑤)，依次放样)。

说明：

放样曲线各中桩点时，也需反复操作，要兼顾方向和距离都正确，确保中桩点精度。练习时一般要求平距误差在 1 cm 以内，角度误差在 2″以内。

参 考 文 献

[1] 中国有色金属工业协会. GB 50026—2007 工程测量规范. 北京:中国计划出版社,2008.
[2] 郝海森. 工程测量. 北京:中国电力出版社,2007.
[3] 姜春元. 建筑工程测量. 北京:冶金工业出版社,1998.
[4] 张志刚. 线桥隧测量. 成都:西南交通大学出版社,2008.
[5] 全志强. 铁路测量. 北京:中国铁道出版社,2008.
[6] 王兆祥. 铁道工程测量. 北京:中国铁道出版社,2010.
[7] 周建郑. 工程测量. 郑州:黄河水利出版社,2006.